施工总承包方
BIM 技术应用

SHIGONG ZONGCHENGBAOFANG
BIM JISHU YINGYONG

许可　高治军　何兵　著

中国电力出版社
CHINA ELECTRIC POWER PRESS

内 容 提 要

本书依据大量工程项目技术实践经验，并结合工程项目 BIM 实施案例及 BIM 专项应用实施案例，论述了 BIM 应用对于实现建筑全生命周期管理，提高建筑行业规划、设计、施工和运营的科学技术水平，促进建筑业全面信息化和现代化，具有巨大的应用价值和广阔的应用前景。全书共 5 章，分别从 BIM 应用发展现状、施工总承包方 BIM 应用实施策划、项目实施阶段 BIM 技术应用、工程项目 BIM 实施案例及 BIM 专项应用实施案例等方面进行论述。

图书在版编目（CIP）数据

施工总承包方 BIM 技术应用/许可，高治军，何兵著. 一北京：中国电力出版社，2019.1
ISBN 978-7-5198-2595-9

Ⅰ. ①施… Ⅱ. ①许… ②高… ③何… Ⅲ. ①建筑设计–计算机辅助设计–应用软件
Ⅳ. ①TU201.4

中国版本图书馆 CIP 数据核字（2018）第 254661 号

出版发行：中国电力出版社
地　　址：北京市东城区北京站西街 19 号（邮政编码 100005）
网　　址：http://www.cepp.sgcc.com.cn
责任编辑：周娟华（010-63412601）
责任校对：王海南
装帧设计：张俊霞
责任印制：杨晓东

印　　刷：北京天宇星印刷厂
版　　次：2019 年 1 月第一版
印　　次：2019 年 1 月北京第一次印刷
开　　本：710 毫米×1000 毫米　16 开本
印　　张：12.25
字　　数：208 千字
定　　价：48.00 元

建筑行业发展迅速，CAD 技术的普及及推广让众多建筑设计师、预算师从"手工"行列解放了出来。而现在，建筑信息模型（Building Information Modeling，简称 BIM，指基于最先进的三维数字设计和工程软件所构建的三维可视化的数字模型）将引发工程建设领域的第二次数字革命。BIM 不仅带来了技术进步和软件的更新换代，同时为设计师、建筑师、水暖电工程师乃至物业人员等建筑全生命周期内各环节人员提供了一个科学协作平台，帮助他们利用三维数字模型对项目进行设计、建造及运营管理。目前，BIM 技术在国内市场的主要应用是 BIM 模型维护、场地分析、建筑策划、方案论证、可视化设计、协同设计、性能化分析、工程量统计、管线综合、施工进度模拟、施工组织模拟、数字化建设、物料跟踪、施工现场配合、竣工模拟交付、维护计划、资产管理、空间管理、建筑系统分析、危害应急模拟等。从以上 BIM 典型应用中可以看出，BIM 应用对于实现建筑全生命周期管理，提高建筑行业规划、设计、施工和运营的科学技术水平，促进建筑业全面信息化和现代化，具有巨大的应用价值和广阔的应用前景。

本书围绕 BIM 技术在施工总承包中的应用，根据众多实际工程项目，对 BIM 技术整体应用进行系统性分析和研究，以施工企业 BIM 实施标准的建立为目标，从 BIM 设计过程的资源、行为、交付三个基本维度，给出施工总承包企业实施标准的具体方法和实践内容，逐步形成以建筑各专业标准设计框架研究为理论基础、以领域和专业的实施性标准为主要应用标准，使建筑各专业的设计和施工能更直观、明了，高效、充分、精确地帮助我们基于 BIM 的建造模型进行工程项目的建设管理。所以，本书对推动 BIM 技术在工程建设施工阶段的理论研究和应用实践，加快建筑业信息化建设，具有重要的理论意义和实际应用价值。

本书第 1、2、4 章由沈阳建筑大学许可、高治军撰写，其中高治军参与了部分撰写工作；其余各章由上海宝冶集团有限公司何兵撰写。最后定稿和校对由许可完成。

值此此书付诸印刷之际，首先感谢上海宝冶集团有限公司李桦、段宗哲、高宾、阮江平、林闪宇、刘伟、邓江峰、李强，沈阳建筑大学侯静、许崇、英宇等同志为此书撰写投入了大量精力；其次，感谢我的研究生邵永健、解树森、黄鑫和陈巨擘等参与了本书第一章节的撰写工作，感谢沈阳科技学院刘涛参与了本书第二章节的撰写工作；最后，感谢中国电力出版社周娟华女士的倾力支持和悉心审阅。

　　由于著者水平所限，或许考虑不周，书中难免有不足之处，诚恳欢迎读者和有识之士批评指正。

著　者
二零一八年七月十日

目　录

国内建筑行业施工总承包的分类及 BIM 应用发展现状

1.1 BIM 的价值

近年来，以建筑信息模型（Building Information Modeling，简称 BIM）为核心技术的营造建筑产业已蔚为一股不可小觑之趋势。在欧美建筑业先进国家，BIM 相关技术已成为行业竞争力的基本条件，并且逐渐纳入政府公共工程的要求中。

BIM 技术是在营建设施（如建筑物、桥梁、道路、隧道等）的生命周期中，创建与维护营建设施产品数字信息及其工程应用的技术。用一种较容易理解的方式解释，BIM 技术就是一个在计算机虚拟空间中模拟真实工程过程，以协助营建生命周期规划、设计、施工、营运、维护工作中各项管理与工程作业的新技术、新方法、新概念（而不是常被误解的新工具）。BIM 强调工程的生命周期信息集结与永续性运用、3D 可视化呈现、跨专业跨阶段的协同作业、几何与非几何信息的连结、静态与动态过程信息的实时掌握、微观与宏观空间信息的整合等。BIM 技术有利于公共工程的质量提升、减少错误变更的成本浪费、能够有效缩短工期、实现跨专业整合与沟通界面管理等成效，国内外已有许多成功案例，BIM 技术运用仍在持续快速发展与进步。由于建筑信息模型能通过查询提供各种适合的信息，协助决策者做出精确判断，与传统绘图方式相比，BIM 在设计初期就能大量减少设计团队可能产生的各种错误，以防范后续承接厂商犯错误。计算机系统能利用冲突检测功能，以图形表达的方式通知查询人员关于各类构件在空间中彼此冲突或干涉情形的详细信息。

Revit 是国内 BIM 应用的主流软件，有数据显示其覆盖率高达 75%，包含建筑、结构和管线综合三大模块，基本覆盖了建筑设计方面的所有专业，且该软件属于欧克旗下，能够与 CAD 完美结合，实现数据的相互交换，基本不存在数据损失问题。Revit 软件具有强大的建筑信息处理能力，相比目前的设计和施工建造的流程，已经给工程项目带来正面的影响和帮助。对工程的各个参与方来说，减少错误与降低成本都有很重要的影响。

减少建造所需要的时间，即可降低工程的成本。Revit 软件在近年来流行的建筑项目交付模式—整合项目交付（IPD）中得到了广泛应用。BIM 把项目交付的所有环节，即建筑设计、土木工程设计、结构设计、机械设计、建造、价格预估、日程安排及工程生命周期管理等加以联合和互相合作。

BIM 技术对产业链中投资方、设计方、建设方、运维方等参建各方具有非常多的价值，下面主要针对建筑施工企业在工程施工全过程的关键价值做以描述。

1.1.1　虚拟施工、方案优化

首先，运用 BIM 技术，建立用于虚拟施工、施工过程控制和成本控制的施工模型，结合虚拟现实技术，实现虚拟建造。模型能将工艺参数与影响施工的属性联系起来，反映施工模型与设计模型之间的交互作用。施工模型应具有可重用性，因此必须建立施工产品主模型描述框架，并随着产品开发和施工过程的推进，模型描述日益详细。通过 BIM 技术，可保持模型的一致性及模型信息的可继承性，实现虚拟施工过程各阶段和各方面的有效集成。

其次，模型结合优化技术，身临其境般进行方案体验、论证和优化。基于 BIM 模型，对施工组织设计方案进行论证，就施工中的重要环节进行可视化模拟分析。按时间进度进行施工安装方案的模拟和优化。对于一些重要的施工环节或采用新施工工艺的关键部位、施工现场平面布置（图 1-1）等施工指导措施进行模拟和分析，不断优化方案，提高计划的可行性，直观地了解整个施工或安装环节的时间节点和工序，清晰把握施工过程中的难点和要点，从而优化方案，提高施工效率和施工方案的安全性。

1.1.2　碰撞检查、减少返工

传统施工中，建筑专业、结构专业、设备（水暖电）专业等各个专业分开设计，导致图纸平面立面剖面之间、建筑图和结构图之间、安装与土建之间、安装与安装之间的冲突问题数不胜数。随着建筑越来越复杂，这些问题会带来很多严重后果。通过三维模型，在虚拟的三维环境下方便地发现设计

图 1-1　施工场地平面布置

中的碰撞冲突，在施工前快速、全面、准确地检查出设计图纸中的错误、遗漏及各专业间的碰撞等问题，减少由此产生的设计变更和工程洽商，将大大提高施工现场的生产效率，从而减少施工中的返工，提高工程质量，节约成本，缩短工期，降低风险。

1.1.3　形象进度、4D 虚拟

建筑施工是一个高度动态和复杂的过程，当前建筑工程项目管理中经常用于表示进度计划的网络计划，由于专业性强、可视化程度低，无法清晰描述施工进度以及各种复杂关系，难以形象表达工程施工的动态变化过程。通过将 BIM 与施工进度计划相链接，将空间信息与时间信息整合在一个可视的 4D（3D＋Time）模型中，可以直观、精确地反映整个建筑的施工过程和虚拟形象进度（图 1-2）。4D 施工模拟技术可以在项目建造过程中合理制订施工计划、精确掌握施工进度，优化使用施工资源以及科学地进行场地布置，对整个工程的施工进度、资源和质量进行统一管理和控制，以缩短工期、降低成本、提高质量。此外，借助 4D 模型，承包工程企业在工程项目投标中将获得竞标优势，BIM 可以让业主直观地了解投标单位对投标项目的主要施工控制方法是否先进、施工安排是否均衡、总体计划是否基本合理等，从而对投标单位的施工经验和实力作出有效评估。

图1-2 进度模拟

1.1.4 精确算量、成本控制

工程量统计结合4D的进度控制，即所谓BIM在施工中的5D应用。施工中的预算超支现象十分普遍，缺乏可靠的基础数据支撑是造成超支的重要原因。BIM是一个富含工程信息的数据库，可以真实地提供造价管理需要的工程量信息。借助这些信息，Revit可以快速对各种构件进行统计分析，进行混凝土算量和钢筋算量，大大减少了烦琐的人工操作和潜在错误，非常容易实现工程量信息与设计方案的完全一致。通过BIM获得准确的工程量统计（图1-3），可以用于成本测算，对预算范围内不同设计方案进行经济指标分析，对不同设计方案的工程造价进行比较，实现施工开始前的工程预算和施工过程中的结算。

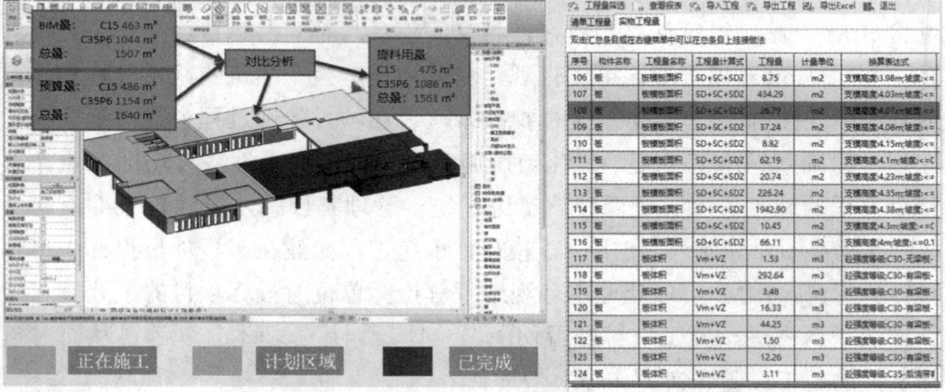

图1-3 工程量统计

1.1.5　现场整合、协同工作

BIM 技术的应用类似一个管理过程，同时，它与以往的工程项目管理过程不同，其应用范围涉及业主方、设计院、咨询单位、施工单位、监理单位、供应商等多方的协同。而且，各参建方对 BIM 模型存在不同的需求、管理、使用、控制、协同的方式和方法。项目运行过程中，需要以 BIM 模型为中心，使各参建方在模型、资料、管理、运营上能够协同工作。为了满足协同建设的需求，提高工作效率，需要建立统一的集成信息平台，各参建方或业主各建设部门间的数据交互可以直接通过系统进行，减少沟通时间和环节；解决各参建方之间的信息传递与数据共享问题，实现系统集中部署、数据集中管理；通过海量数据的获取、归纳与分析，协助项目管理决策；形成沟通项目成员协同作业的平台，使各参建方进行沟通、决策、审批、渠道、项目跟踪、通信等。基于 BIM 模型，在统一的平台下强化项目运营管控，围绕 BIM 模型进行分析、算量、造价，形成预算文件并将模型导入系统平台，构成招标、进度、结算、变更的依据。BIM 模型集成进度计划，将进度管理的甘特图绑定 BIM 模型（图 1-4），按照进度计划，形成下期资金、招标、采购等计划。

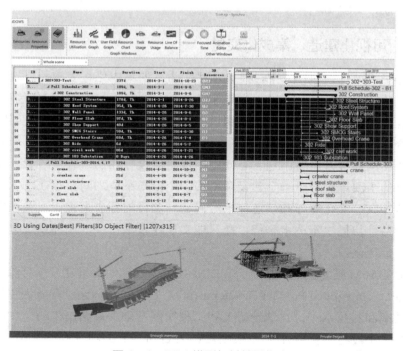

图 1-4　BIM 模型与甘特图绑定

按照实际进度填报，自动形成实际工程量的申报。在分包和采购招标阶段，围绕 BIM 模型进行造价预算分析，基于辅助评标系统形成标书文件。同时，可以对投标文件进行分析、对比、指标抽取、造价知识存储等。按照招标签订合同，基于进度 BIM 模型申报资金计划，进行设计变更、工程变更、工程结算和项目成本管理。

1.1.6　数字化加工、工厂化生产

建筑工业化是工厂预制和现场施工相结合的建造方式，这将是未来建筑产业发展的方向。BIM 结合数字化制造能够提高承包工程行业的生产效率，实现建筑施工流程的自动化。建筑中的许多构件（如门窗、预制混凝土结构和钢结构等构件）可以异地加工，然后运到建筑施工现场，装配到建筑中。通过数字化加工，可以准确完成建筑物构件的预制，这些通过工厂精密机械技术制造出来的构件不仅降低了建造误差，并且大幅度提高了构件制造的生产率，这种综合项目交付方式可以大幅降低建造成本、提高施工质量、缩短项目周期、同时减少资源浪费，体现先进的施工管理。对于没有建模条件的建筑部位，可以借助先进的三维激光扫描技术，快速获取原始建筑物或构件模型信息。

1.1.7　可视化建造、集成化交付

传统的项目管理模式中，建设项目参与者的集成化程度较差，设计和施工处于独立进行的运作状态，设计商和承包商之间、总承包商和分包商之间、总承包商和供应商之间、分包商和供应商之间、业主和总承包商之间缺乏长期的合作关系，无休止的设计变更、错误误差、工期拖沓冗长、生产效率低下、协调沟通缓慢、费用超支等问题困扰着建设行业的所有参与者。造成这些问题的主要原因在于一个建设项目的各个参与单位之间，存在着各种各样的利益冲突、文化差异和信息保护等问题。项目的各成员往往只关注企业自身的利益，协同决策的水平低，故只能实现建设项目中的局部最优化，而不是整体最优化。

随着 BIM 技术的逐渐成熟，以 BIM 技术为基础的新型建设项目综合交付方法 IPD（Integrated Product Development），它是在工程建设行业为提升行业生产效率和科技水平，在理论研究和工程实践基础上总结出来的一种项目信息化技术手段与一套项目管理实施模式。IPD 带来新的项目管理模式，最大程度的进行建筑专业人员整合，实现信息共享及跨职能、跨专业、跨企业团队

的高效协作。

1.2　BIM 的发展环境及趋势

BIM 的发展环境主要可以从施工企业、设计方、业主方及咨询方等领域进行分析。

（1）施工企业：施工企业采用 BIM 技术较多，介入时间（特指 BIM 竣工模型）多在机电管线安装前，使用 MEP 功能解决管线安装的问题，这也是施工单位使用 BIM 最主要的功能。至于 4D 模拟、装修方案等虽然也在用，但对施工单位来说并不是最核心的部分。与广联达等应用软件类似，BIM 的造价算量功能的实际效果也不尽如人意，主要原因是因为实际工程是实时损耗的，且有些损耗量是无法避免的（如钢筋的截取），但一般算量软件无法算出，所以施工单位目前很少采用这种算量算价软件。

（2）设计院：设计院对 BIM 技术的使用由来已久，但目前仍未能普及。主要包括几个方面的原因，如设计时间限制（利用 BIM 软件进行设计花费的时间和周期长于传统设计模式）、设计成本限制（BIM 技术对软硬件要求较高，一次性采购需花费大量成本）、设计习惯限制（使用 BIM 软件进行设计打破设计师原有设计习惯）、设计取费标准限制（目前国内设计取费依旧参照 2002 年勘察设计收费标准）等。

（3）业主方：许多业主方都很重视 BIM 技术，但他们绝大多数都没有一个清晰的思路去运用 BIM 技术。以万科为例，万科提倡 BIM 是想将建设过程完全标准化，建设管控不会因为人的专业知识差别而产生差距，虽然他们同德国的 RIB 公司进行合作，但至今尚未有一个清晰的思路和规划，无法应用 BIM 进行采购、设计、建设、合同等方面的管控。

（4）咨询单位：咨询单位使用 BIM 技术一般有两类，即 BIM 咨询公司和造价咨询公司。前者 BIM 是其主营业务，因此应用 BIM 毋庸置疑，后者由于 BIM 的直观性，故越来越多的人使用 BIM。对于造价咨询公司来说，虽然 BIM 软件有一定的局限性，但仍可以帮其节省一些工作量，若发现问题他们也可以修改。

针对当前 BIM 应用现状，住房和城乡建设部信息中心组织编写的权威报告——《中国建筑施工行业信息化发展报告（2015）BIM 深度应用与发展》作出如此评价：BIM 技术在我国建筑施工行业的应用已逐渐步入注重应用价值的深度应用阶段，并呈现出 BIM 技术与项目管理、云计算、大数据等先进信息技术集成应用的"BIM+"特点，正在向多阶段、集成化、多角度、协同化、普及化应用五大方向发展。

方向之一：多阶段应用，从聚焦设计阶段应用向施工阶段深化应用延伸。

一直以来，BIM 技术在设计阶段应用的成熟度高于施工阶段，而且应用时间较长。近几年，BIM 技术在施工阶段的应用价值越来越凸显，发展也非常快。有调查显示，59.7%的受访者认为，从设计阶段向施工阶段延伸是 BIM 发展的特点；有四成以上的用户认为，施工阶段是 BIM 技术应用最具价值阶段。由于施工阶段对工作高效协同和信息准确传递要求更高，对信息共享和信息管理、项目管理能力以及操作工艺的技术能力等方面要求都比较高，因此 BIM 应用有逐步向施工阶段深化应用延伸的趋势。

方向之二：集成化应用，从单业务应用向多业务集成应用转变。

目前，很多项目通过使用单独的 BIM 软件来解决单点业务问题，即以局部应用为主。而集成应用模式，可根据业务需要通过软件接口或数据标准集成不同模型，综合使用不同软件和硬件，以发挥更大的价值。例如，基于 BIM 的工程量计算软件形成的算量模型与钢筋翻样软件集成应用，可支持后续的钢筋下料工作。调查显示，60.7%的受访者认为 BIM 发展将从基于单一 BIM 软件的独立业务应用向多业务集成应用发展。基于 BIM 的多业务集成应用主要包括：不同业务或不同专业模型的集成、支持不同业务工作的 BIM 软件集成应用、与其他业务或新技术的集成应用。例如，随着建筑工业化的发展，很多建筑构件的生产需要在工厂完成，采用 BIM 技术进行设计可以将设计阶段的 BIM 数据直接传送至工厂，通过数控机床对构件进行数字化加工，特别是对具有复杂几何造型的建筑构件，可大大提高其生产效率。

方向之三：多角度应用，从单纯技术应用向与项目管理集成应用转化。

BIM 技术可有效解决项目管理中生产协同和数据协同的难题，BIM 正逐步深入应用于项目管理的各个方面，包括成本管理、进度管理、质量管理等方面，与项目管理集成将成为 BIM 应用趋势之一。BIM 技术可为项目管理过程提供有效的数据集成手段以及更为及时、准确的业务数据，能够提高管理单元之间的数据协同和共享效率。BIM 技术可为项目管理提供一致的模型，模型集成了不同业务的数据，采用可视化方式动态获取各方所需的数据，确保数据能够及时、准确地在参建各方之间得到共享和协同应用。

此外，BIM 技术与项目管理集成需要构建信息化平台系统，即建立统一的项目管理集成信息平台，与 BIM 平台通过标准接口和数据标准进行数据传递，及时获取 BIM 技术提供的业务数据；支持各参建方之间的信息传递与数据共享；支持对海量数据的获取、归纳与分析，协助项目管理决策；支持各参建方沟通、决策、审批、项目跟踪、通信等。

方向之四：协同化应用，从单机应用向基于网络的多方协同应用转变。

物联网、移动应用等新客户端技术迅速发展普及，依托于云计算、大数据等服务端技术实现了真正的协同，满足了工程现场数据和信息的实时采集、高效分析、及时发布和随时获取，形成了"云＋端"的应用模式。

这种基于网络的多方协同应用方式，可与 BIM 技术集成应用形成优势互补。一方面，BIM 技术提供了协同的介质，基于统一的模型工作，降低了各方沟通协同的成本；另一方面，"云＋端"的应用模式可更好地支持基于 BIM 模型的现场数据信息采集、模型高效存储分析、信息及时获取沟通传递等，为工程现场基于 BIM 技术协同提供新的技术手段。

因此，从单机应用向"云＋端"的协同应用转变，将是 BIM 应用的一个趋势。云计算可为 BIM 技术应用提供高效率、低成本的信息化基础架构，两者的集成应用可支持施工现场不同参与者之间的协同和共享。对施工现场的管理过程实施监控，将为施工现场管理和协同带来革命。

方向之五：普及化应用，从标志性项目应用向一般项目应用延伸。

随着企业对 BIM 技术认识的不断深入，很多 BIM 技术的相关软件逐渐成熟，应用范围不断扩大，从最初应用于一些大规模、标志性的项目，发展到近两年已开始应用到一些中小型项目，基础设施领域也开始积极推广 BIM 应用。一方面，各级地方政府积极推广 BIM 技术应用，要求政府投资项目必须使用 BIM 技术，这无疑促进了 BIM 技术在基础设施领域的应用推广；另一方面，基础设施项目往往工程量庞大、施工内容多、施工技术难度大、施工过程周围环境复杂、施工安全风险较高，传统的管理方法已不能满足实际施工需要，BIM 技术可通过施工模拟、管线综合等技术解决这些问题，使施工准确率和效率大大提高。例如，城市地下空间开发工程项目，应用 BIM 技术在施工前可以充分模拟，论证项目与周围城市整体规划的协调程度，以及施工过程对周围环境的影响，从而制订更好的施工方案。

通过对住房和城乡建设部信息中心报告的分析，在多年的 BIM 技术探索与应用基础上，部分学者认为未来的 BIM 发展模式不是 EPC，也不是 DB 或者 DBB，而将是 IPD（Integrated Product Development）模式。

什么是 IPD 模式呢？简单来说，就是在工程开始动工前，业主就召集设计方、施工方、材料供应商、监理方等共同做出一个 BIM 模型，该模型即是竣工模型，即所见即所得。然后，各方就按照该模型来完成各自的工作。在这种模式下，施工过程中不再需要返回设计院改图，材料供应商也不会随便更改材料进行方案变更。IPD 模式虽然前期投入时间精力多，但一旦开工后，就基本不会再在人、财、物、时方面产生方案变更，最终结果可以节约相当长的工期和不小的成本。

1.3 施工总承包 BIM 应用的背景及困惑

近年来，随着信息化程度的不断深入，基于二维的建筑表达方式已不能满足行业进一步发展的要求，以三维表达和信息技术为核心的 BIM 技术已成为建筑业信息化的现实需求并得到快速发展。随着科技革命的浪潮和信息技术的高速发展，建筑行业必将进入一个全新的发展时期。BIM 是建筑技术和核心业务的信息化，是创建并利用数字化模型对建设项目进行设计、建造和运营全过程管理、优化的方法与工具，其内涵体现在技术、过程、价值等多方面，建筑信息化技术的发展是未来相当长一段时间内行业发展的重心。BIM技术作为我国施工行业创新发展的重要技术手段，其应用和推广在施工行业的科技进步与转型升级过程中占有不可估量的作用，同时也给施工行业的发展带来强大推力：支撑工业化建造、绿色施工和优化施工方案，促进工程项目实现精细化管理、提高工程质量、降低成本和安全风险，并可以大幅度提高工程项目的集成化水平和交付能力，显著提升工程项目的效益和效率，因此施工企业对 BIM 技术的发展与探索很有必要。

BIM 作为国家重点推广的技术，其发展前景是毋庸置疑的，而 BIM 的现状又是客观存在的，它不会快速、轻易改变，也不会自动改变，只能通过从业人员大量的研究和实践去逐渐改变。因此，有专家提出的策略普遍适合现阶段绝大多数国内企业，那就是"不能等，不能急"，逐步推进 BIM 的应用与发展。

BIM 技术在我国经过多年的发展，已经成为建设信息管理化的标志，但目前的使用范围主要是在民用建筑领域，一些大型工业建筑和基础设施建设也在逐渐地开始进行尝试。目前，我国国内进行 BIM 技术研究和使用的机构主要是施工总包企业、大型科研设计单位、BIM 咨询公司。通常，这些机构都是出于某种目的，在建筑业主体使用 BIM 技术，很少有企业真正地将 BIM技术运用到整个项目全程施工中进行主动操作。在建设一些特异形造型的建筑时，由于管道等设施交织差错，二维模式难以很好地解决相关问题，此时就需要用到 BIM 技术的三维模式，使相关问题更加直观，更好地得到解决。

在进行一些大型标志性项目设计时，有些顾客会主动要求使用 BIM 技术，还有一些大型的节点，结构复杂，需要使用 BIM 技术进行预先拼装等。目前，我国的 BIM 技术总体上来说还处于初级摸索阶段，在总包工程中也没有得到全面推广，与其他发达国家相比较，我国的 BIM 技术还需要经过相当长一段时间的研究与发展。

由于我国目前 BIM 技术还处于初级发展阶段，短时间内很难看到 BIM 技术所带来的直观收益，并且在前期需要投入相当大的人力与财力，所以对于很多总包方来说，并不是非常愿意使用 BIM 技术，缺乏足够的使用动力，只有在面对一些特殊的建筑工程时，在业主主动提出的情况下，才会使用 BIM 技术。

建筑设计中，运用 BIM 技术需要设计师将二维设计转化为三维设计，并且将相对独立的设计转化为协同设计，在这两种转化中需要设计师投入更多的时间和精力，增加自己的工作量。但是，在我国传统的建筑业思想中，这两种转化在短时间内无法轻易达到。

我国的总包工程绝大部分都是边设计边施工的，因此，在施工过程中无法获得完整的建设项目数据资料与 BIM 模型，连三维模型基本的碰撞试验和工艺模拟都很难得到实现，更不用说那些需要在多维环境中进行的成本、进度与质量控制了。

1.4　施工总承包 BIM 应用的发展及实施

BIM 具有可视化、参数化、大数据、互联网＋、多方协同、虚拟现实等特征，BIM 的特征决定了施工总承包企业的 BIM 工作。住房和城乡建设部《2011—2015 年建筑信息化发展纲要》中把 BIM 技术定义为支撑建筑行业发展的核心技术，《国家"十二五"建筑信息化发展纲要》中已明确提出"将深入研究 BIM 技术，完善协调工作平台，以提高工作效率、生产水平与质量"。无论从现阶段 BIM 的技术工具出发，或者从基于未来的协同管理模式创新来看，BIM 推广是社会发展的必然趋势，也为总承包企业的发展带来了绝佳的机遇。

施工总承包企业 BIM 部门是支持企业全方位实施 BIM 工作的核心部门，核心实施管控要点包括以下几点：

（1）体系建设。管理相关信息化业务，如制定企业 BIM 标准，包括实施过程中业务流程的制定，完善企业级信息化收集和管理工作。

（2）项目管理。总承包企业有一个或者多个项目需要实施 BIM 时，由 BIM 部门进行具体的项目实施及指导。

（3）人才培养。总承包企业的 BIM 中心必须担负起培养各层次企业级 BIM 人才的任务，这也是企业推广 BIM 的基础。

（4）经营创新。BIM 部门作为施工企业走在科技最前沿的部门之一，需要顺应时代的发展，整合建设产业结构调整，辅助企业经营，为企业的产业升级贡献力量。

（5）经济效益。推广和普及项目上 BIM 技术运用，推进项目的精细化管理，为项目实施带来实际的经济效益。

1.5　本章小结

本章分 4 个小节介绍了 BIM 的价值、发展趋势、施工总成包企业 BIM 应用背景、应用中面临的问题和实施控制要点等内容，从统筹规划的视角阐述了施工总承包企业实施 BIM 的意义，是整本书的统领性内容，为后续 4 章的阐述奠定了基础。

第2章

施工总承包方 BIM 应用实施策划

2.1 项目管理需求的确定

施工总承包方应在项目初始阶段开展项目管理需求分析工作，基于 BIM 技术确定项目管理的阶段及各阶段对应目标，以此编制项目管理计划和项目实施计划。具体为以下几个部分：

（1）通过施工总承包项目需求的确定，形成项目基于 BIM 的管理计划和实施计划。

（2）项目管理需求是施工总承包企业对项目实施管理的重要风向标，是编制项目 BIM 实施方案的基础和重要依据。

（3）项目管理需求需经过项目发包人的审查和确认。

（4）根据项目的实际情况，可将项目管理需求的内容并入项目 BIM 实施方案中。

项目管理需求的确定应结合项目特点，根据合同和施工总承包企业的管理要求、BIM 技术掌握情况、明确项目管理目标和工作范围，分析项目重点难点以及计划采取的对应措施，确定项目各项管理原则、BIM 工作深度和 BIM 工作开展进程。具体为以下几个部分：

（1）项目管理需求需体现施工总承包企业对于项目的实施战略定位，通过对项目重难点的分析、项目所在地 BIM 应用环境的研究，明确项目部的工作目标、管理原则、BIM 技术融入管理的范围及阶段。

（2）项目管理需求要根据现有 BIM 软硬件成熟度进行考量，需具有可操作性，并随着项目的进展和情况的变化及时进行调整。

（3）在项目管理需求的确定阶段，施工总承包企业和项目部要充分考虑外界 BIM 因素及企业 BIM 技术支撑对项目管理目标的影响，确保项目实施的连续性。

（4）项目管理需求的确定，要根据项目特点，考虑基于 BIM 技术的工厂化预制、模块化施工和装配式建筑等方面的要求。

项目管理需求的考量范围宜涵盖项目活动过程中的全过程涉及的全要素。

项目管理需求应满足合同要求，同时，应符合项目所在地对 BIM 应用环境、采用的 BIM 技术、项目管理人员 BIM 技能掌握度以及项目对技术、质量、安全、成本、进度、环境保护、相关政策等方面的要求。具体为以下两个部分：

（1）在项目实施过程中，技术、质量、安全、成本、进度和环境保护等方面的目标和要求是相互关联和相互制约的。

（2）在确定项目管理需求时，需结合项目的实际情况进行综合考虑、整体协调。由于项目管理的主要依据是合同，因此项目管理需求的确定需满足合同要求。

项目管理需求宜包括下列主要内容：

（1）明确项目需求确定的原则。

（2）明确项目技术、质量、安全、成本、进度和环境保护等目标。

（3）明确项目的资源配置计划。

（4）明确项目各参与方 BIM 技术掌握能力，基础模型数据的来源方式。

（5）确定项目的总体目标及各阶段拟采用 BIM 技术实现的目标。

（6）确定项目基于 BIM 的沟通协调方式。

（7）确定项目的 BIM 人力资源管理定位及 BIM 技术普及培训目标。

（8）确定项目 BIM 应用的成果及交付形式。

其中，项目的资源配置计划是确定完成项目活动所需的人力、设备、技术、资金和信息等资源的种类和数量。资源的配置对项目 BIM 工作开展起着关键的作用，施工总承包企业根据项目的资源配置情况分析项目部的运行工作能力，制定切实可行的 BIM 实施目标，以保证项目按照合同要求实施。

确定项目基于 BIM 的沟通协调方式，是项目 BIM 应用实施策划的一项重要内容。项目各参与方的协作、所采取的会议制度需在项目策划节点予以确定，以保证项目实施过程中信息沟通的及时和准确。

2.2 制定项目 BIM 实施方案的必要性

工程建设项目管理中，有效及充分的方案策划应受到重视。它是项目成功的重要保证，也是提升推进精细化管理的有效途径。BIM 实施方案的编制过程是专业知识的精简集成和有效组织，实质上既是知识的有效管理，也是知识的有效传承。

　　BIM 实施方案的编制是为了推进项目施工阶段项目管理质量提升、推动 BIM 应用、使 BIM 管理工作更加规范，各方职责更加明确、规则更加统一，以实现对施工的精细化管控。

2.2.1　确定各方职责

　　BIM 实施方案对项目实施过程中各参与方职责进行明确划分，各参建方严格执行职责内的工作，工作界限清晰、明确，可以有效提升项目管理水平。项目部以施工总承包方为项目 BIM 实施的总指挥，负责项目 BIM 实施执行及落地应用，实现知识及经验的传承，有效地运用 BIM 工具来进行项目管理，提高精细化管理水平。

2.2.2　树立 BIM 应用目标

　　总承包单位借助 BIM 技术为项目施工技术提供保障，实现项目各参与方能够运用 BIM 技术进行项目管理和实施过程中的数据信息共享，提高各参与方沟通协调效率，实现施工过程的有效、透明化控制，最终确保工程项目的品质、成本、工期和管理效率的应用价值最大化。

2.2.3　明确各阶段 BIM 应用点

　　总承包单位借助 BIM 实施方案确定项目设计、施工、竣工及运维各阶段 BIM 技术应用点，并确定不同阶段应用点对应的具体 BIM 实施内容及工作划分情况，提高自身的工程项目管理水平，实现 BIM 应用效益的最大化。

2.3　项目实施关键决策点分析

　　项目实施关键决策点分析应由项目经理组织编制，并由施工总承包企业相关负责人审批。

　　项目 BIM 应用策划的编制应注重项目策划方案的针对性、现行 BIM 标准、新技术的应用、技术路线的可行性、BIM 实施流程和交付成果的合理性等要求。为推进建筑业的技术进步，更好地实现项目管理目标，项目 BIM 应用策划应重点突出项目的关键决策点，以解决项目关键决策点作为项目 BIM 工作开展的重点。

项目实施关键决策点应根据合同目标、项目特点、施工方案、企业 BIM 技术掌握情况并结合新技术的应用进行分析确定。分析时，应着重从项目的管理、技术层面考虑，依托 BIM 技术制定切实可行的解决方案。

2.3.1 关键管理决策点

常见的关键管理决策点主要有：

（1）项目不同阶段劳动力调剂。由于劳务公司存在劳动力资源不足，远远不能满足企业发展的需求，加之建筑市场的劳动力资源日见稀缺，现有劳务人员的平均年龄较大，中青年从事建筑工作的劳务人员很少，要在相应的地区寻找劳务人员相当困难。因此，针对项目历史较短的施工阶段，调剂劳动力便存在困难，需要在 BIM 应用策划中充分分析项目不同阶段的工期及劳动力需求，策划对应的 BIM 进度管控、预警制度，达到提前、实时分析项目进度计划，宏观统筹项目劳动力资源的目的。

（2）项目进度成本核算。在传统工作模式下，目前的工程项目无法在施工过程中及时统计所消耗的人工、材料等费用，等到项目竣工结算后才可计算项目的盈亏，导致项目部无法控制工程项目过程中的成本。因此，企业需结合自身特点及项目的经营情况，策划选择合适的 BIM 管理平台并建立项目部及各部门的工作流程，实现能够整合项目实施过程中的方案预算、实物量、签证等数据并联动分析，准确对比项目实际成本与收入成本。

（3）项目质量控制体系。在建筑业竞争日趋激烈的环境下，施工总承包企业为了提高知名度和技术等级，塑造精品工程，成本投入力度被迫增加，造成工程质量保障力度不足；其次，多数施工总承包企业以增加奖惩力度提升工程质量，一旦奖罚额度过高，超出单项工程自身所具有的价值，虽然有利于项目质量的控制，但很容易引发恶性循环，对质量长期管理工作造成不利影响，加之传统的项目质量控制体系多数采用人为巡检、人为复查的方式，效率低下，流程不清晰，均给项目施工质量的控制造成一定困难。因此，企业需在 BIM 应用策划阶段选择合适的 BIM 管理平台，基于平台建立完善的质量控制体系，根据企业、项目的质量管理办法及平台功能制定质量控制流程，降低质量控制人工成本投入的同时提高质量控制覆盖面的广度和精度。

（4）项目管理人员 BIM 技能掌握能力。施工总承包企业与其他行业公司相比，人员流动频率较高，易造成工程项目管理出现断层的情况，特别是具备成熟 BIM 能力的项目管理人员数量较少，对 BIM 的理解不够准确，加上目前建筑业对 BIM 技术的认知存在一定程度的误区，都给施工总承包企业在运用 BIM 工作进行施工管理造成一定的阻力。因此，企业需在前期对拟投入管理人员的 BIM 技能掌握能力进行评估，针对项目的 BIM 应用环境进行 BIM 应用的策划并建立项目管理人员的 BIM 技能培训和学习制度，确保制定的项目 BIM 应用要求在项目部合理的承受范围内，避免造成项目在运用 BIM 技术过程中停留在可视化的表面，难以落地。

2.3.2　关键技术决策点

常见的关键技术决策点主要有：

（1）深基坑支护与监测。

（2）复杂地基基础处理。

（3）桩基础施工。

（4）大体积混凝土施工。

（5）新型模板脚手架施工。

（6）多专业协调施工。

（7）专业深化设计。

（8）异形工程施工。

（9）BIM 新技术及其他有特色的工种施工等。

关键技术决策点一般是项目在施工过程中的技术难点，或者采用传统二维手段进行技术方案编制工作量较大的非常规区域。针对这类决策点，可在对应分部分项工程施工前，选择相应的 BIM 软件进行施工模拟、计算分析、成本测算等工作，确定各部门在实施过程中的工作周期和配合方式，建立基于 BIM 的专项技术会议，保障施工前能够发现并解决存在的技术隐患，施工过程中能够及时处理突发事故。

2.4　BIM 团队及工作环境的搭建

2.4.1　项目组织架构

总承包公司建立以 BIM 负责人为 BIM 应用第一责任人的管理机制，为项目 BIM 实施提供技术支持及定期监督检查，促进 BIM 落地应用。

项目部建立以施工总承包项目经理为项目 BIM 实施的总指挥，以施工总承包项目总工为项目 BIM 技术总监，负责项目 BIM 实施执行，以项目生产经理为 BIM 施工总监，负责项目 BIM 落地应用，项目各组成员与 BIM 组有机融合，实现知识及经验的传承，有效地运用 BIM 工具进行项目管理，提高精细化管理水平。BIM 小组负责 BIM 模型的创建、维护与各专业深化工作，项目管理组织架构如图 2-1 所示。

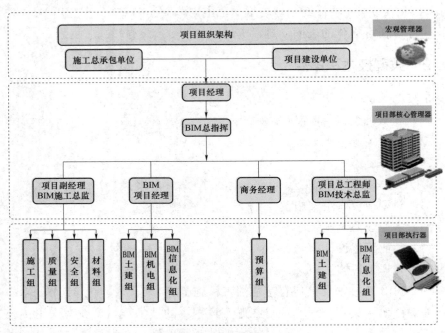

图 2-1　项目管理组织架构

2.4.2　BIM 团队岗位职责

确定项目各专业配置 BIM 人员岗位职责，以确保各专业在实施工程中的沟通效率及实施质量，具体人员及工作内容见表 2-1。

表 2-1　　　　　　　　　　　BIM 团队主要岗位职责

序号	人员	管理职责
1	BIM 总指挥	负责项目 BIM 实施整体方向把控，审核《项目 BIM 工作方案》，总体掌握项目 BIM 执行情况，定期听取 BIM 实施情况
2	BIM 技术总监	总体负责该项目 BIM 应用，明确项目各部门在 BIM 实施过程中职责，对阶段性 BIM 成果进行验收检查；并负责对 BIM 实施方案、实施计划等进行审核
3	BIM 施工总监	统筹 BIM 在施工过程中的进度管理，定期检查各分包 BIM 落地应用情况

续表

序号	人员	管理职责
4	BIM 经理	负责协调项目中 BIM 的应用并确保 BIM 小组正确执行 BIM 工作方案，其主要职责为：配合项目总工制定并实施《项目 BIM 工作方案》；在整个项目周期内及时更新《项目 BIM 工作方案》；协调、沟通项目各利益相关方的工作，确保各方严格执行《项目 BIM 工作方案》
5	结构 BIM 工程师	对本工程结构专业建立并运用 BIM 模型，进行结构模型创建及审核、模型整合、结构碰撞检查、结构深化设计、明细表编制、方案模拟、现场质量检查等
6	建筑 BIM 工程师	对本工程建筑专业建立并运用 BIM 模型，进行建筑模型创建及审核、模型整合、建筑碰撞检查、建筑深化设计、明细表编制、方案模拟、现场质量检查等
7	机电 BIM 工程师	对本工程水暖电专业建立并运用 BIM 模型，管线综合深化设计、机械设备、管路的设计复核等工作，主要包括提供完整的给水排水及消火栓系统、喷淋系统的管道、阀门及管道附件等的 Revit 模型，以及主要的平面、立面、剖面视图和管道及设备明细表，以及平面视图主要尺寸标注
8	BIM 信息化工程师	负责项目 VDC（虚拟设计与施工）等相关工作；负责全过程系统平台的搭建及维护，负责在项目部之间建立通信网络，搭设视频会议所需设备

2.4.3　软硬件配置

模型是 BIM 实施的基础，为了确保 BIM 模型能够在实施过程中无障碍地传递和共享，项目各参建单位应使用同系列和规定版本的 BIM 软件。根据常见情况，制定软件资源配置要求见表 2-2。

表 2-2　　　　　　　　　主要软件资源基本要求

序号	应用类型	软件名称	主要作用
1	模型创建	Autodesk Revit	土建/机电/设备/室内精装模型创建及深化
		Rhino	幕墙模型深化
		AutoCAD Civil 3D	道路、土石方模型创建
		Catia	制造业模型创建及深化
		Bentley	工业建筑模型创建及深化
		Tekla	钢结构专业模型深化
2	模型整合应用	Navisworks Manage	多专业模型整合、模型浏览、碰撞检测
		广联达 5D	施工进度模拟

序号	应用类型	软件名称	主要作用
2	模型整合应用	新点比目云	工程量统计
		Pathfinder	疏散模拟
		Vissim	交通模拟
		EnergyPlus	建筑能耗分析
3	虚拟仿真应用	Twinmotion	漫游动画演示、VR 设计优化
		Fuzor	模型查阅、建筑功能性模拟、VR 设计优化
		Lumion	漫游动画演示、景观方案模拟
4	绘图制图	AutoCAD	识图绘图制图

硬件资源是指 BIM 实施过程中 BIM 模型创建与应用的计算设备,主要指工作站和移动工作站。工作站用于 BIM 模型创建、效果渲染、动画模拟等图形计算处理。为保证模型创建和 BIM 应用工作的顺利开展,工作站性能不应低于表 2-3 的要求。

表 2-3 　　　　　　　　硬件资源基本要求

器件	工作站（台式电脑）	移动工作站（笔记本电脑）
CPU	主频：3.5GHz 及以上 内核：4 核心 8 线程或 8 核心及以上支持最大内存：32GB CPU：64 位处理器	主频：3.0GHz 及以上 内核：4 核心 8 线程或 8 核心及以上支持最大内存：16GB CPU：64 位处理器
显卡	显存容量：2G 以上 显存位宽：256bit 以上 显存类型：GDDR5	显存容量：2G 以上 显存位宽：256bit 以上 显存类型：GDDR5
内存	16GB DDR3 及以上	16GB DDR3 及以上
硬盘	128G SSD 固态＋1TB 硬盘以上	128G SSD 固态＋1TB 硬盘以上
显示器	支持 1920×1080 以上分辨率	支持 1920×1080 以上分辨率
操作系统	Win7 Pro 64bit 及其以上	Win7 Pro 64bit 及其以上

2.5　本章小结

BIM 实施,策划先行。BIM 实施策划属于 BIM 实施的指导性文件。本章节重点介绍了 BIM 实施策划的编制方法及主要内容，规定了 BIM 实施的目标、人员、分工、流程、主要应用点和质量控制等内容。策划的优劣直接决定了 BIM 实施的顺利程度、实施效果和项目管理的精细化程度，其重要程度不亚于项目组织设计。

第 3 章

项目实施阶段 BIM 技术应用

3.1 项目准备阶段 BIM 应用方法

3.1.1 基准模型的沿用或创建

施工 BIM 基准模型包括两类来源：第一种是设计模型沿用；第二种是施工单位创建。

1. 基准模型为设计模型沿用的管理流程

当施工 BIM 基准模型为项目设计模型沿用时，设计单位应以原始模型交付格式移交给项目组、BIM 咨询单位、施工总承包单位。对 BIM 基准模型文件的编辑，编辑单位应使用同一设计院同一版本软件。

在施工准备阶段，施工总承包单位依据最终版施工蓝图、《设计 BIM 模型创建规范》《设计 BIM 模型清单》，对施工 BIM 基准模型图模一致性进行检查并出具检查报告，如不合格则返回设计单位进行修改。

设计单位将修改的模型重新提交给施工总承包单位，由施工总承包单位进行施工 BIM 基准模型合规性检查，检查依据参见《设计 BIM 模型创建规范》及本书第 4 章介绍的 BIM 基准模型检查内容。

施工总承包单位对检查结果如需修改应将基准模型返回设计单位进行修改，施工总承包单位有义务配合修改，形成最终施工 BIM 基准模型。

2. 基准模型为施工单位创建的管理流程

施工总承包单位以《BIM 模型创建基础规范》、BIM 咨询单位编制的《项目 BIM 实施方案》中的基准模型创建要求、最终版施工蓝图作为施工 BIM 基准模型的创建依据。

施工总承包单位创建的施工 BIM 基准模型由项目组或 BIM 咨询单位进行

检查，检查依据参见表 3-1～表 3-4。

表 3-1　　　　　　　　　　　　建筑专业检查内容要求

序号	项目	检查项	检查要求
1	项目设置	楼层标高划分	与施工图楼层标高一致
2		视图添加过滤器	过滤器添加应满足模型审阅要求
3		视图中相关图纸	模型中导入的电子版施工图应正确
4	建筑墙	建筑墙构件所使用族	所使用族应正确
5		建筑墙构件类型、厚度、材质	与施工图一致
6		建筑墙构件定位	与施工图一致
7		建筑墙构件分段	应按层分段
8		建筑墙构件开洞区域	开洞大小、位置、标高与施工图一致
9	建筑门	建筑门构件所使用族	所使用族应正确
10		建筑门构件类型、尺寸、材质	与施工图一致
11		建筑门构件定位	与施工图一致
12		建筑门构件底高度	与施工图一致
13		建筑门构件开启方向	与施工图一致
14	建筑窗	建筑窗构件所使用族	所使用族应正确
15		建筑窗构件类型、尺寸、材质	与施工图一致
16		建筑窗构件定位	与施工图一致
17		建筑窗构件窗台标高	与施工图一致
18		建筑窗构件开启方向	与施工图一致
19	建筑板	建筑板构件所使用族	所使用族应正确
20		建筑板构件参考平面	应为所属楼层平面
21		建筑板构件类型、厚度、材质	与施工图一致
22		建筑板构件边界	与施工图一致
23		建筑板构件标高	与施工图一致
24		有坡度或高程变化建筑板	与施工图一致
25		建筑板构件开洞区域	开洞大小、位置与施工图一致
26		结构降板区域建筑板构件	与施工图一致
27	建筑坡道	建筑坡道构件所使用族	所使用族应正确
28		建筑坡道构件参考平面	应为所属楼层平面
29		建筑坡道构件类型、厚度、材质	与施工图一致
30		建筑坡道构件边界	与施工图一致

序号	项目	检查项	检查要求
31	建筑坡道	建筑坡道构件标高	与施工图一致
32		建筑坡道构件坡度、方向	与施工图一致
33	台阶踏步	台阶踏步构件类型、尺寸、材质	与施工图一致
34		台阶踏步构件边界	与施工图一致
35		台阶踏步构件标高	与施工图一致
36		台阶踏步构件方向	与施工图一致
37	栏板扶手	栏板扶手构件所使用族	所使用族应正确
38		栏板扶手构件参考平面	应为所属楼层平面
39		栏板扶手构件类型、尺寸	与施工图一致
40		栏板扶手构件定位	与施工图一致
41		栏板扶手构件标高	与施工图一致
42		栏板扶手构件方向	与施工图一致
43	幕墙	幕墙构件所使用族	所使用族应正确
44		幕墙构件类型、外轮廓	与施工图一致
45		幕墙构件标高	与施工图一致
46		幕墙构件定位	与施工图一致
47		幕墙构件方向	与施工图一致
48		幕墙构件分割	构件分割应合理，满足施工要求
49		幕墙嵌板构件类型、尺寸、材质	与施工图一致
50		幕墙竖梃构件类型、尺寸、材质	与施工图一致
51	天花	天花板构件所使用族	所使用族应正确
52		天花板构件参考平面	应为所属楼层平面
53		天花板构件类型、厚度、材质	与施工图一致
54		天花板构件边界	与施工图一致
55		天花板构件标高	与施工图一致

表 3-2　　　　　　　　　　结构专业检查内容要求

序号	项目	检查项	检查要求
1	模型设置	模型轴网	与施工图轴网一致
2		模型轴网标高	与施工图轴网标高一致
3		各结构模型相对位置正确性	模型各单体采用同一坐标系统
4		结构模型指北针正确性	与施工图指北针一致

续表

序号	项目	检查项	检查要求
5	模型设置	模型楼层标高划分	与施工图楼层标高一致
6		模型视图是否添加过滤器	过滤器添加应满足模型审阅要求
7		模型视图中相关图纸是否正确	模型中导入的电子版施工图应正确
8	场地模型	场地模型中各单体模型绝对标高	与施工图单体绝对标高一致
9		场地模型中各单体模型绝对坐标	与施工图单体绝对坐标一致
10		场地模型地形标高	与施工图地形标高一致
11	结构柱	结构柱构件所使用族	所使用族应正确
12		结构柱构件类型、尺寸	与施工图一致
13		结构柱构件定位	与施工图一致
14		结构柱构件材质	与施工图一致
15		结构柱构件分段	应按层分段
16		降板区域结构柱构件柱顶或柱底标高	标高应正确
17	结构梁	结构梁构件参考平面	应为所属楼层平面
18		结构梁构件使用的族	所使用族应正确
19		结构梁构件类型、尺寸	与施工图一致
20		结构梁构件定位	与施工图一致
21		结构梁构件标高	与施工图一致
22		结构梁构件材质	与施工图一致
23		结构梁构件原位标注处尺寸、位置、标高	应正确反映施工图标注信息
24		升降板区域结构梁构件尺寸、标高	应正确反映施工图标注信息
25		变截面结构梁构件尺寸、方向	与施工图一致
26		反梁区域结构梁构件尺寸、标高	与施工图一致
27	结构板	结构板构件所使用族	所使用族应正确
28		结构板构件参考平面	应为所属楼层平面
29		结构板构件类型、厚度、材质	与施工图一致
30		结构板构件边界	与施工图一致
31		结构板构件标高	与施工图一致
32		有坡度或高程变化结构板	与施工图一致
33		结构板构件开洞	开洞大小、位置与施工图一致
34	结构墙	结构墙构件所使用族	所使用族应正确
35		结构墙构件类型、厚度、材质	与施工图一致

序号	项目	检查项	检查要求
36		结构墙构件定位	与施工图一致
37	结构墙	结构墙构件分层	应按楼层分段
38		结构墙构件开洞	开洞大小、位置、标高与施工图一致
39		梯段板构件参考平面	应为所属楼层平面
40		结构楼梯构件所使用族	所使用族应正确
41		结构楼梯构件类型、尺寸、材质	与施工图一致
42		结构楼梯构件标高	与施工图一致
43		结构楼梯构件方向	与施工图一致
44	结构楼梯	楼梯柱构件类型、尺寸、标高、定位、材质	与施工图一致
45		楼梯梁构件类型、尺寸、标高、定位、材质	与施工图一致
46		楼梯平台板构件类型、厚度、边界、标高、定位、材质	与施工图一致
47		结构坡道构件所使用族	所使用族应正确
48	结构坡道	结构坡道构件参考平面	应为所属楼层平面
49		结构坡道构件类型、厚度、材质	与施工图一致
50		结构坡道构件标高、边界、方向、坡度	与施工图一致
51		结构反坎构件所使用族	所使用族应正确
52	结构反坎	结构坡道构件参考平面	应为所属楼层平面
53		结构坡道构件类型、尺寸	与施工图一致
54		结构坡道构件标高、定位、范围	与施工图一致
55	后浇带	后浇带区域接结构梁构件、结构板构件、结构墙构件	应与其他区域分割

表 3-3　　　　　　　　　机电专业检查内容要求

序号	项目	检查项	检查要求
1		视图划分	应按楼层划分
2		视图是否添加过滤器	过滤器添加应满足模型审阅要求
3	项目设置	视图中相关图纸	模型中导入的电子版施工图应正确
4		管道系统中图形替换、系统材质	与施工图一致
5		管道系统中缩写、升降符号	与施工图一致
6		给排水专业系统配置中"管段和尺寸"	应满足施工规范，配置正确

续表

序号	项目	检查项	检查要求
7	项目设置	暖通专业系统配置中"风管尺寸"	应满足施工规范，配置正确
8		电气专业系统族中"管件"	应满足施工规范，配置正确
9	设备	设备构件所使用族	所使用族应正确
10		设备构件参考平面	应为所属楼层平面
11		设备构件定位	与施工图一致
12		设备构件尺寸	与施工图一致
13		设备构件标高	与施工图一致
14	管道	管道构件所使用族	所使用族应正确
15		管道构件所属系统	与施工图一致
16		管道构件参考平面	应为所属楼层平面
17		管道构件尺寸	与施工图一致
18		管道构件定位	与施工图一致
19		管道构件坡度	与施工图一致
20		管道构件标高	与施工图一致
21		管道构件保温层尺寸材质	与施工图一致
22	风管	风管构件所使用族	所使用族应正确
23		风管构件所属系统	与施工图一致
24		风管构件参考平面	应为所属楼层平面
25		风管构件尺寸	与施工图一致
26		风管构件定位	与施工图一致
27		风管构件标高	与施工图一致
28		风管构件保温层尺寸材质	与施工图一致
29	风口	风口构件所使用族	所使用族应正确
30		风口构件所属系统	与施工图一致
31		风口构件参考平面	应为所属楼层平面
32		风口构件尺寸	与施工图一致
33		风口构件定位	与施工图一致
34		风口构件标高	与施工图一致
35	桥架	桥架构件所使用族	所使用族应正确
36		桥架构件所属系统	与施工图一致
37		桥架构件参考平面	应为所属楼层平面

序号	项目	检查项	检查要求
38	桥架	桥架构件尺寸	与施工图一致
39		桥架构件定位	与施工图一致
40		桥架构件标高	与施工图一致
41	桥架配件	桥架配件构件所使用族	所使用族应正确
42		桥架配件构件参考平面	应为所属楼层平面
43		桥架配件构件尺寸	与施工图一致
44		桥架配件构件定位	与施工图一致
45		桥架配件构件标高	与施工图一致

表 3-4   基准模型信息示例表

专业	构件	构件命名示例	基准模型信息
建筑	窗	窗 - C1815	尺寸、定位编号、材质
	门	钢质防火门 - GFM - 甲级	尺寸、定位材质、编号
结构	混凝土柱	结构 - 矩形柱 - 600×600	尺寸、定位混凝土等级材料要求
	剪力墙	结构 - 剪力墙 - C40 - 400	尺寸定位混凝土等级材料要求
暖通	风管	矩形风管 - 2500×800	尺寸位置用途材质连接方式保温厚度
	风机设备	箱式离心风机 - 电机内置 - 风量	设备编号实际尺寸位置用途安装要求
给排水	给水管道	无缝钢管 - D108×4	尺寸位置用途材质连接方式保温厚度
	水泵	变频离心泵	设备编号实际尺寸位置用途安装要求

专业	构件	构件命名示例	基准模型信息
电气	线槽	槽式电缆桥架	尺寸位置 用途材质 安装要求
	配电箱	配电箱-AL（AP）	尺寸位置 设备编号 安装要求

3.1.2　基于 BIM 的项目管理制度的建立

项目实施准备阶段，施工总承包项目部将根据项目的实施策划编制本项目的《BIM 管理规划实施导则》，在此基础上要求各分包单位编制各自作业内容的《BIM 实施策划方案》，制定本项目深化设计及 BIM 应用的实施策划及具体执行进度计划，并统一发布执行。

施工总承包项目部可确定相应的管理人员对各分包单位计划执行的过程情况进行跟踪、报告。

各分包单位根据各自通过评审的《BIM 实施策划方案》，制订深化设计及 BIM 实施的详细进度计划并按计划执行。如果相关的进度计划有较大调整，应采用工作联系单的方式提交给施工总承包项目部。施工总承包项目部对各分包单位在各阶段或关键控制节点 BIM 成果的审核和反馈，可预留一周时间。

施工总承包项目部可要求各分包单位每周提交项目深化设计与 BIM 应用周报及相应成果，由施工总承包项目部进行审核，形成反馈意见并提交业主，项目深化设计及 BIM 应用周报样式可参见表 3-5。

表 3-5　　　　　　　　　　项 目 BIM 应 用 周 报

深化设计 & BIM 周报		编号		时间	
		分包单位		BIM 经理	
现场进展					
本周工作 完成情况	应用分项				
	图纸接收				
	模型创建				
	节点模拟				
	深化设计	土建			
		机电			

续表

本周工作完成情况	深化设计	...	
		其他	
	VDC 施工模拟		
	BIM 平台应用情况		
	...		
	其他		
下周计划	模型创建		
	节点模拟		
	深化设计	土建	
		机电	
		...	
		其他	
	VDC 施工模拟		
	...		
	其他		

　　施工总承包单位可要求各分包单位每月应进行项目 BIM 实施总结，提交 BIM 工作月报，月报样式可参照表 3-6，周期可定于每个月月初至月末。

表 3-6　　　　　　　　　　项目 BIM 工作月报

（××××分包单位）BIM 项目月报		月份			
		BIM 经理			
现场进展					
本月工作完成情况					
存在问题					
可推广应用点					
本月大事记					
下月工作计划					
BIM 管理平台使用情况					

概况	BIM 模型	文档管理	图纸资料	质量问题		安全问题	
浏览次数	上传数量	上传数量	上传数量	发布/处理/审核	处理/审核	发布/处理/审核	处理/审核

施工总承包单位通过收集各分包单位的 BIM 实施周报和月报，获取各方在上阶段的工作完成情况和下阶段的工作计划、工作中需解决的问题、检查已完成的 BIM 应用成果、对下阶段的工作提出要求、统计项目 BIM 管理平台的使用情况，同时整理周报和月报资料，上传至项目管理平台并存档。

BIM 技术作为项目工作会议的重要组成部分，在项目举行的各层次、各专业、各种专题的工程协调会议上，通过 BIM 手段，及时、有效地协调项目实施过程中的各项工作，辅助提出存在的问题，分析原因，研究对策并组织落实各项工作和措施。基于 BIM 的会议制度，主要体现在每周工程例会向建设单位汇报工程进展，每周技术协调会按楼层进行图模会审，预控图纸问题，解决多专业间协调问题等方面。同时，为了加快信息传递效率，会议上的汇报模式可采用"模型＋现场＋管理平台"的三屏会议系统模式，如图 3－1 所示。

图 3－1　三屏会议模式

基于 BIM 的项目会议制度见表 3－7。

表 3－7　　　　　　　　　项目会议制度一览表

会议名称	会议主持	出席单位/人员	建议周期	会议内容/要求
工程协调会议	业主负责人或施工总承包项目经理	施工总承包项目副经理、总工、各管理部门负责人、业主、监理、各分包	每周一次	跟踪落实上次会议纪要提出的问题，明确新问题的解决单位及完成时间，同时基于平台及 BIM 模型对每周的完成进度进行分析，由施工总承包记录上传至平台并向业主工程师、监理以及与会分包单位推送会议纪要
工程进度协调会议	业主负责人或施工总承包项目副经理	施工总承包项目各部门负责人、相关分包、业主、监理	每月一次	基于 BIM 模型公布周进度计划、月进度计划，讨论施工总承包工程管理上较大的问题，由施工总承包记录上传至平台并向业主工程师、监理以及与会分包单位推送会议纪要

续表

会议名称	会议主持	出席单位/人员	建议周期	会议内容/要求
工程质量、文明施工、安全巡视会	施工总承包质量总监、安全总监	施工总承包质量部、安全部、施工部、监理、相关分包等	不定期（保证每月一次）	基于平台的质量安全问题流程，由施工总承包质量部和安全部汇报安全及文明施工的情况，提出相关问题的解决办法，由施工总承包记录上传至平台并向业主工程师、监理以及与会分包单位推送会议纪要
施工总承包管理专题会议	施工总承包项目经理或副经理	根据情况邀请；业主、监理、施工总承包相关部门及专业分包、供应商等	不定时	施工过程中所有需要各方协调的重要问题，集中进行有效的沟通、交底
施工总承包技术协调会	项目总工程师	施工总承包各管理部负责人、各分包	每周一次	各专业分包在施工过程中发现的技术问题或图纸问题进行集中讨论和解决，对于无法处理的问题及时记录汇总，并递交业主、设计单位，并由施工总承包单位跟踪落实各技术问题的解决

3.1.3　项目信息化管理平台的选用及搭建

1. 项目信息化管理平台的选用

项目信息化管理平台作为项目施工过程中各参与方信息传递共享的纽带，是施工总承包企业运用 BIM 技术进行项目管理的不可缺少的手段。自 BIM 技术在国内兴起以来，国内涌现出一批项目信息化管理平台的研发企业，目前国内的项目信息化管理平台亦是各有特色。为了更好地使项目信息化管理平台适用于施工总承包企业的生产经营流程以及工程项目的组成结构，施工总承包企业宜考虑以下几点进行平台的选择。

（1）项目的适应性。工程项目的实际情况与需求各不相同，企业在选择工程项目管理系统时，可根据实际情况定制相应的工程项目管理系统，根据企业的实际情况定制符合企业使用需求的、具有个性化的管理系统。

（2）项目管理。平台管理员可对项目内所有成员进行账号管理、权限设置，通过项目管理员权限可全局查看项目内数据信息，进行分析决策的功能。

（3）模型协同。通过平台轻量化引擎和移动端应用，实现随时应用 BIM 模型，项目人员无需高配电脑就能直接应用项目 BIM 成果，在现场可随时通过手机查看模型信息。通过平台的客户端及移动端完成漫游、审阅、剖切、测量等轻量化模型在线浏览，如图 3-2 所示，降低模型应用门槛，实现全员快捷使用。

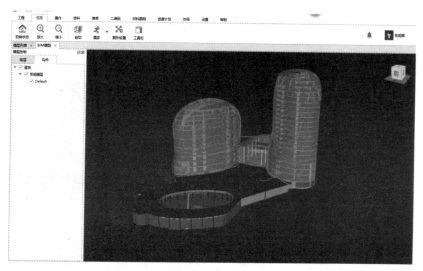

图 3-2 模型在线轻量化浏览

（4）二维码应用。基于 BIM+二维码的信息查看应用，可以在项目现场扫描二维码查询构件相关的属性、资料、图纸等各类信息，同时也可以将目前施工过程中资料信息加载到二维码中，BIM 模型信息与施工过程信息紧密相连。基于平台可快速地生成包含 BIM 模型构件、工艺视频、图纸、施工方案等内容的二维码，如图 3-3 所示，并将二维码打印张贴至相关施工区域，供现场人员便捷使用，提升技术交底范围及质量。

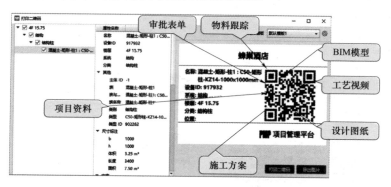

图 3-3 二维码快速生成

（5）进度管控。平台可将项目进度计划与 BIM 模型构件关联，通过模型动态展示比对计划与实际延期/提前情况，同时进度计划与现场人员工作相结合，将现场实际进度随时反馈到平台中进行展示，如图 3-4 所示。通过移动设备点选构件/扫描构件二维码操作，将材料流转信息、现场实际施工进度等信息同步至平台中，项目各参建单位可随时获取目前项目整体的进度情况。

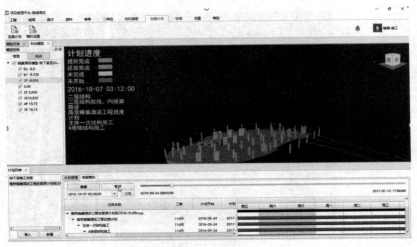

图 3-4　基于平台的进度管控

（6）问题协同。平台具备项目质量/安全问题管理与追踪功能，可将项目现场问题随时记录到平台（图 3-5）中，同时将问题点与 BIM 模型构件进行关联，便于过程中对项目全过程质量/安全的管控。问题与 BIM 模型相结合，成为模型施工过程中信息的一部分，可进行质量/安全数据分析与讨论。

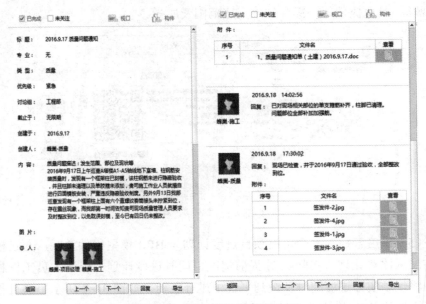

图 3-5　基于平台的问题协调

（7）资料管理。平台的文档资料管理功能将业主单位管理文件、项目成本、合同、规范、图纸、变更单等各类资料信息同步至平台，同时可将文档资料与 BIM 模型进行双向关联，便于资料信息的共享与流转。在权限范围内，现场管理、作业人员通过移动设备查看构件，可查看到跟构件相关的所有文档资料信息。

（8）稳定性和兼容性。稳定性是平台落地运行的前提，平台是否稳定直接关系到使用后期能否支持企业管理运作，确保数据能精确、及时地传递并确保其安全性；其次，平台的兼容性是 BIM 软件集成使用的前提，也将直接影响到不同项目类型的 BIM 数据是否能够在平台上进行流转及是否能与其他传统数据进行关联。

（9）可升级和维护性。项目信息化管理平台需要不断升级更新换代才能跟上企业发展的步伐，因此，在企业不断进步发展之后，所购买使用的项目信息化管理平台也必须能维护和升级，以满足企业使用。

2. 信息化管理平台的搭建

工程项目信息化管理平台应根据项目合同要求进行搭建。若合同无明确要求，施工总承包企业可聘请 BIM 咨询单位或自行进行管理平台的搭建工作。

管理平台中各项目参与方的权限可根据业主单位要求或施工总承包企业内部组织架构进行用户权限限制。以施工总承包项目部为管理平台搭建主体的用户权限一般可分为两类：项目部用户和参建单位用户，由施工总承包项目部负责项目所有用户的权限设置，保证各用户的权限正确。一般项目的用户权限设置见表 3-8。

表 3-8　　　　　　　　　信息化管理平台用户权限设置

应 用 方	权 限 内 容
项目管理员	拥有平台所有功能和项目内所有权限，同时可设置项目内成员账号权限，可删除成员，删除各个模块资料、删除项目
业主	BIM 模型查看，4D 进度计划播放，质量安全问题发起、查看，文档资料查看，二维码信息查看，二维码材料跟踪信息查询，表单审批
监理单位	BIM 模型查看，4D 进度计划播放，质量安全问题发起、查看，文档资料查看，二维码信息查看，二维码材料跟踪信息查询，表单审批
项目经理、总工	BIM 模型查看，4D 进度计划播放，质量安全问题发起、查看，文档资料查看，二维码信息查看，二维码材料跟踪信息查询，表单填写、审批
BIM 咨询单位	BIM 模型查看，4D 进度计划播放，文档资料查看，二维码信息查看，二维码材料跟踪信息查询

续表

应用方	权 限 内 容
质量技术部	BIM 模型查看，4D 进度计划播放，质量安全问题发起、查看，文档资料上传、查看，二维码信息查看，二维码材料跟踪信息查询，表单填写、审批
工程部	BIM 模型查看，4D 进度计划播放，质量安全问题发起、查看，文档资料上传、查看，二维码信息查看，二维码材料跟踪，材料跟踪信息查询，表单填写、审批
安全部	BIM 模型查看，4D 进度计划播放，安全问题发起、查看，文档资料上传、查看，二维码信息查看，二维码材料跟踪，材料跟踪信息查询，表单填写、审批
项目 BIM 小组成员	BIM 模型上传/更新，BIM 模型查看，4D 进度计划导入、关联构件、播放，质量问题发起、查看，文档资料上传、查看，二维码信息查看，二维码材料跟踪信息查看，表单填写

管理平台的搭建计划由业主单位及总承包项目部确定，一般可按图 3-6 所示的流程进行。

图 3-6　管理平台搭建流程

在前期配置阶段，施工总承包企业需明确基于平台的工作内容及责任主体，常见的平台包括以下功能。

（1）模型上传/更新（图 3-7）。

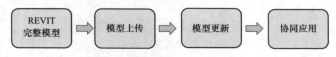

图 3-7　模型上传/更新流程

- 项目 BIM 小组：负责模型上传/更新。
- 准备资料：Revit 完整模型。
- 模型上传/更新完成后，设置模型的标签和可见性。模型的标签按照专业分为土建、道路、桥梁、场地、机电、市政等专业。BIM 模型可见性的设置应按照项目成员可使用模型的权限范围进行。
- 应用价值：BIM 模型上传/更新后，具有权限的项目人员均可查看最新的 BIM 模型。

（2）模型协同。

- 应用人员：参建单位。

● 准备资料：手机、电脑安装平台客户端。

● 办公室场景：各参建单位可通过登录 PC 端进行 BIM 模型的查看，BIM 模型可根据使用需要进行"子模型"的整合应用。

● 现场环境：各参建单位可通过手机端进行 BIM 模型移动应用，通过移动端 BIM 模型与现场实际进行比对，将 BIM 模型带入项目现场指导一线人员施工。可通过 BIM 模型进行基于三维交底、沟通协调。

● 应用价值：基于 BIM 模型进行协同应用，指导施工，沟通交流。

（3）4D 进度计划。

● 应用人员：项目部 BIM 小组导入进度计划，将进度计划与 BIM 模型构件进行关联，设置模拟动画；同时，输入实际施工时间，进行进度对比，其他人员可查看 4D 进度动画。

● 准备资料：本项目 Project（项目）进度计划，若进度计划改变后，需及时上传至项目管理平台，并检查是否需要调整构件与进度计划之间的关联。

● 应用价值：项目各参建单位，均可通过 4D 进度模型，直观表现工程项目计划与实际进度比对。

（4）质量安全管理。在基于平台的质量安全管理过程中，各应用方主要工作内容见表 3−9。

表 3−9　　　　　　　　　各应用方提供资料及工作内容

应用方	提供资料及工作内容
项目管理员	设置问题标签，设置讨论组，讨论组按质量部、安全部、对外展示分组
监理单位	现场拍照，发起质量、安全问题，检查整改完成情况
质量技术部	现场拍照、回复问题、导出问题
安全部	现场拍照、回复问题、导出问题

● 质量安全问题的反馈流程包括：监理单位人员现场检查发现质量/安全问题→拍照，问题反馈给总承包项目部相关负责人→施工总承包项目部相关负责人处理完毕，拍照反馈→监理单位人员检查复核，无误后该问题设置为已完成，如图 3−8 所示。

图 3−8　质量安全问题反馈流程

● 应用价值：质量、安全问题随时记录，问题可追溯，可统计分析，问题与 BIM 模型构件双向关联，通过模型构件可查看相关过程质量、安全问题，通过质量、安全问题记录可在 BIM 模型中定位到对应部位。

（5）文档资料。在基于平台的文档管理过程中，各应用方主要工作内容见表 3-10。

表 3-10   各应用方提供资料及工作内容

单　　位	提供资料及工作内容
项目管理员	设置资料文件夹类型及分级，设置资料文件夹权限
业主/监理/BIM 咨询单位	查看全部资料
项目经理、总工	查看各类资料
项目 BIM 小组	BIM 模型相关资料
质量技术部	设计变更、设计图纸、施工方案、交底 质量验收标准、质量相关照片、质量整改记录等
工程部	施工方案、交底、施工照片、工艺工法视频、物料进场清单、供应商信息
安全部	安全指导手册、安全相关照片、安全整改记录

● 设置文件夹类型：图纸、质量、安全、方案、交底、施工照片、施工视频、工艺工法视频、碰撞检查报告、变更、验收资料。

● 应用流程如图 3-9 所示。

图 3-9　质量安全问题反馈流程

● 办公室环境下：可通过 PC 端直接将各类资料导入至对应文件夹。

● 现场环境下：可将现场照片、过程视频等通过移动设备拍摄录入至对应文件夹。

● 应用价值：各类工程资料、图纸现场移动应用，资料与 BIM 模型构件双向关联。通过 BIM 模型构件可查看相关的资料、图纸；通过资料可查看 BIM 模型中相关的构件、部位。

（6）二维码信息查询。二维码信息使用过程如图 3-10 所示。

图 3-10　二维码信息使用过程

● 构件二维码：通过 BIM 模型构件生成二维码，包含构件属性、扩展属性、构件定位、资料、表单，可进行构件材料跟踪记录。

● 资料二维码：自建二维码，包含资料、表单、自建属性信息，不能进行构件材料跟踪记录。

● 应用价值：通过扫描二维码的方式，可以快速模型定位，同时可快速查看该构件的属性、施工信息、资料、质量问题、表单等各类信息。

（7）二维码材料跟踪。二维码材料跟踪过程如图 3-11 所示。

图 3-11　二维码材料跟踪过程

● 确定材料跟踪模板：施工总承包项目部首先确定构件材料跟踪模板及各个流程步骤负责扫码人员，建议跟踪模板如图 3-12 所示。

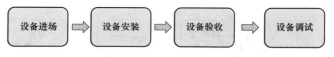

图 3-12　材料跟踪模板

● 确定二维码模板、尺寸：二维码模板中包含需要显示的构件类型、名称、楼层、编号等信息，需要各方商量确定。

材料跟踪流程见表 3-11。

表 3-11　　　　　　　　　材 料 跟 踪 流 程 表

顺序	单位	跟　踪　流　程
1	施工单位	设备/材料入项目部：设备/材料入项目部，在对应设备上粘贴二维码，同时扫描二维码记录第一个流程步骤
2	施工单位	安装：设备/材料安装完成后，施工员扫描二维码记录第二个流程步骤
3	监理	验收：设备/材料设备验收完成后，监理单位人员扫描二维码记录第三个流程步骤
4	施工单位	调试：设备调试完成后，施工员扫描二维码记录第四个流程步骤

● 跟踪数据汇总展示：PC 端通过 BIM 模型颜色区分不同的流程步骤，同时生成详细的材料跟踪记录，便于查看。

（8）表单现场填写。在基于平台的表单管理过程中，各应用方主要工作内容见表 3 – 12。

表 3 – 12　　　　　　　　各应用方提供资料及工作内容

应 用 方	提供资料及工作内容
项目管理员	创建表单文件夹、导入表单，设置表单文件夹权限
业主/监理/BIM 咨询单位	审批表单、查看全部归档表单
项目经理、总工	审批表单，查看各类归档表单
项目 BIM 小组	填写 BIM 类表单、提交审批、查看 BIM 类归档表单
质量技术部	填写技术类表单、提交审批、查看技术类归档表单
工程部	填写质量类表单、提交审批、查看质量类归档表单 填写工程类表单、提交审批、查看工程类归档表单
安全部	填写安全类表单、提交审批、查看安全类归档表单

表单填写过程如图 3 – 13 所示。

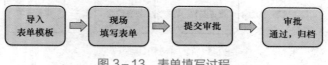

图 3 – 13　表单填写过程

● 应用价值：现场填写各类表单，同时表单能够与 BIM 模型构件双向关联。

3.1.4　基于 BIM 的项目技术管理

深化设计是指在原设计图纸、设计模型等基础上，结合现场实际情况，对原设计进行补充、优化，形成具有可实施性的成果文件，深化设计后的成果文件应满足原设计技术要求，符合相关设计规范和施工规范，能够准确指导现场施工。

（1）深化设计模型基础。施工总承包单位在施工 BIM 基准模型基础上开展深化设计工作，深化前后模型对比如图 3 – 14 所示。

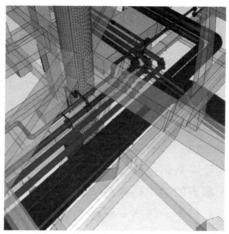

图 3-14　基准模型与深化模型对比

（2）暖通专业深化设计的一般技术要求。

暖通专业深化设计主要分空调风系统深化设计和空调水系统深化设计。专业工程师依据设计图纸进行深化设计时，应注意以下的技术要求：

1）保温厚度：在进行具体深化设计时，应特别注意空调风系统、空调水系统管道保温厚度，而且保温层外表面之间的间距不应小于 50mm。

2）风管接相关设备时应注意采用柔性短管，长度为 150～300mm。

3）安装在保温管道上的各类手动阀门，手柄均不得向下且应便于操作。

4）可伸缩性金属或非金属风管的长度不宜超过 2m。

5）风管的变径应做成渐扩或渐缩型，其扩大或收缩角度不宜大于 30°。

6）管路上的压力表、温度计等仪表安装位置除满足功能要求外，应设置于便于观察和检修的地方。

7）防火分区隔墙两侧的防火阀距墙表面不应大于 200mm。

8）空调水管若上下垂直安装，应注意空调冷冻水管应在空调热水管下方。

9）制冷剂液体管不得向上装成"Ω"形，气体管道不得向下装成 T 形或"υ"形（特殊回油管除外）；液体支管引出时，必须从干管底部或侧面接出；气体支管引出时，必须从干管顶部或侧面接出；有两根以上的支管从干管引出时，连接部位应错开，间距不应小于两倍支管管径。

10）相关空调设备，如风机、空气处理机组等应按照设计图纸预留足够检修空间，如设计图纸无说明按两侧分别留 750mm 预留；另外制冷机与墙壁之间的距离以及与非主要通道的宽度，均不应小于 0.8m。

11）风管水平安装，直径或长边尺寸小于等于 400mm 时，支架间距不应大于 4m；大于 400mm 时，支架间距不应大于 3m。螺旋风管的支、吊架间距可分别延长至 5m 和 3.75m；对于薄钢板法兰的风管，其支、吊架间距不应大于 3m。风管垂直安装，支架间距不应超过 4m，且单根直管至少有 2 个固定点。

12）空调水管安装，管径小于 50mm 时，支吊架间距不应大于 1.8m；管径等于 50mm 时，支吊架间距不应大于 2.4m；管径大于 50mm 时，支吊架间距不大于 3m。

13）风管穿越需要封闭的防火、防爆墙体或楼板时，应设预埋管或防护套管，其钢板厚度不应小于 1.6mm，风管与防护套管之间应用不燃且对人体无危害的柔性材料封堵。

（3）给排水专业深化设计的一般技术要求。

给排水专业深化设计主要分消防水系统深化设计、生活给水系统深化设计和生活排水系统深化设计。专业工程师在依据设计图纸进行深化设计时应注意以下一般技术要求：

1）对于复杂喷淋系统，若合同无具体要求，建模对象 $DN \geqslant 50$。

2）报警阀组安装距地面约为 1.2m。

3）消火栓栓口距离地面宜为 1.1m。

4）室内排水的水平管道与水平管道、水平管道与立管连接，应采用 45°三通或四通和 90°斜三通或 90°斜四通。立管与排出管端部连接，应采用两个 45°弯头或曲率半径不小于 4 倍管径的 90°弯头。

5）室内冷、热水管上、下平行敷设时，冷水管应在热水管下方。卫生器具的冷水连接管应在热水连接管的右侧。

6）室内给水管道不应穿越变配电房、电梯机房、通信机房、大中型计算机房、计算机网络中心、音像库房等遇水会损坏设备和引发事故的房间，并应避免在生产设备、配电柜上方通过。

7）给水管道不得穿过大便槽和小便槽，而且立管离大、小便槽端部不得小于 0.5m。

8）给水管道应避免穿越人防地下室，必须穿越时执行《人民防空地下室设计规范》中 6.1 相关条例规定。

9）排水管道不得穿越生活饮用水池部位的上方。

10）消防池（箱）外壁与建筑结构墙面或其他池壁之间的净距应满足施工或装配的需要。无管道的侧面净距不宜小于 0.7m；安装有管道的侧面净距不宜小于 1.0m，而且管道外壁与建筑墙面之间的通道宽度不宜小于 0.6m。

11）排水塑料管必须按设计要求及位置装设伸缩节；如设计无要求时，

伸缩节间距不得大于 4m，高层建筑中明设排水塑料管应按设计要求设置阻火圈或防火套管。

（4）电气深化设计的一般技术要求。

1）电缆桥架水平敷设时距地高度不宜低于 2.5m，垂直敷设时距地高度不宜低于 1.8m。除敷设在电气专用房间内以外，当不能满足要求时，加金属盖板保护。

2）电缆桥架多层敷设时，其层间距应符合下列规定：① 电力电缆桥架间距不应小于 0.3m；② 电信电缆与电力电缆桥架间距不宜小于 0.5m，当有屏蔽板时可减少至 0.3m；③ 控制电缆桥架间不应小于 0.2m；桥架上部距顶棚、楼板或梁等障碍物不宜小于 0.3m。

3）电缆桥架与各管道平行或交叉时，净距应需满足表 3-13 的净距要求。

表 3-13　　　　　　　　　电缆桥架与管道的最小净距要求

管 道 类 别		平行净距/m	交叉净距/m
一般工艺管道		0.4	0.3
易燃易爆气体管道		0.5	0.5
热力管道	有保温	0.5	0.3
	无保温	1.0	0.5

4）当设计无要求时，电缆桥架水平安装的支架间距为 1.5～3m；垂直安装的支架间距不大于 2m。

5）电缆桥架不宜敷设在腐蚀性气体管道和热力管道的上方及腐蚀性液体管道的下方。当不能满足上述要求时，应采取防腐、隔热措施。

6）电缆桥架不得在穿过楼板或墙壁处进行连接。

7）金属电缆桥架及其支架和引入/引出的金属电缆导管必须接地（PE）或可靠接零（PE）。

8）不同类别的线缆布置在同一桥架中时，中间应加隔板。

（5）管线综合深化设计的一般原则。

1）各专业管线综合排布顺序是无压力排水管、电缆桥架、线槽、空调水管、空调风管、给水管及消防管道。

2）管线避让原则：小管让大管；有压管道让无压管道；冷水管让热水管；无保温管道让保温管道；成本低管道让成本高管道；水管避让风管；电气管线在上，水管在下；不经常检修的管路排列在上，检修频繁的管路排列在下。

3）布置管线间距时，须充分考虑管线外形尺寸、保温厚度、支吊架形式及尺寸、相邻管线施工规范要求间距以及施工人员操作空间。除注明外，应参照以下规定：① 横干管管道外壁（或保温层外壁）与墙、地沟壁的净距大于 100mm，与梁、柱的净距大于 50mm；② 多管道共用支架敷设时，管外壁（或保温层外壁）距墙面不宜小于 100mm；距梁柱不宜小于 50mm；③ 管道外壁（或保温层外壁）之间的距离不宜小于 100mm；管道上阀门不宜并列安装，应错开位置，若需并列安装，阀门净距不应小于 200mm。

4）桥架和线槽应在水管的上层，若水平布置时应符合相关之间规定；有吊顶的最低机电支架底面标高设计距吊顶面间距不应小于 150mm。

（6）管线综合的一般技术要求。

1）充分减少吊顶空间，尽量提高室内净空，提高建筑观感。

2）管路不应遮挡门、窗，应避免通过电机盘、配电盘、仪表盘上方。

3）相关管路的坡度应满足要求。

4）通风管宜低位安装，排烟管宜高于其他风管，风管主管宜高于支管。

5）电气桥架不宜安装在水管的平行正下方，且应避免过多绕弯以控制施工成本。

6）当管线较密集不能满足净空要求时，如走廊区域，可考虑个别管线（如喷淋主管）穿梁布置或室内安装。

7）从走道进入房间的新风支管如果与梁或者其他管道碰撞且调整优化困难，可考虑改变风管截面外形尺寸，绕开障碍物。

8）无吊顶明装管线排布应间距均匀，整齐、美观，如图 3-15 所示。

图 3-15　某项目地下车库综合模型

（7）预留预埋原则。

机电管线穿越结构构件时，其预留洞口或套管的位置、大小需保证结构安全，并符合以下原则：

1）框架柱、剪力墙暗柱区域严禁开洞；其他部位的结构梁、板、墙上开设洞口或套管原则上应预留。

2）穿过框架梁、连梁管线宜预埋套管，洞口宜在跨中 1/3 范围内，洞口上下的有效高度不宜小于梁高的 1/3，且不宜小于 200mm。

3）当楼板上预留洞口直径或最大边长小于 300mm 时，板内钢筋不需截断，绕过洞口即可；当大于 300mm 时，此操作需征得设计同意。

4）当结构梁上的预留洞口大于 100mm、结构墙（剪力墙）上预留洞口大于 800mm 时，需征得设计同意，由设计单位出具结构补强方案。

5）剪力墙上的洞口宜布置在截面中部，避免在端部或紧靠柱边。

6）二次结构墙上开设洞口大于 400mm 时，须设置钢筋混凝土过梁。

7）其他专项深化要求另行规定。

（8）深化设计模型划分原则。

1）按楼层：深化设计模型宜按楼层创建；对于体量较小楼层，可将多层作为一个模型单元。

2）按区域：对于建筑面积较大且管线较密集楼层，模型单元宜按该层施工分区进行划分。

3）按专业：对于同一区域深化设计模型宜按不同专业（给水排水、消防、喷淋、电气、暖通专业等）进行划分。

（9）深化设计模型命名原则。深化设计模型命名规则应为单体（施工分区）+楼层/区域+专业+版本号+日期，如：体育馆负一层暖通 A 版 20150619。

（10）深化设计制图一般规定。

1）深化设计图纸发布时，应采用 CAD 与 PDF 两种格式并保持一致，AutoCAD 版本格式不宜高于 2004/LT2004（*.dwg）。

2）图纸打印比例要求如下：① 图纸目录，深化设计说明，平面图、立面图和剖面图宜分别采用 1:100、1:150 和 1:200 的比例；② 详图、大样图宜采用 1:25 或 1:50 的比例。

3）深化设计图纸的图线应符合以下规定：① 深化图中管线以双线显示，管路完整、清晰；② 管线重叠处，管线信息用引出线标示清楚。

4）深化设计图纸的图幅应尽量统一，优先采用 A1 图幅。

5）图名、图号文字样式宜为 Times New Roman，字体大小宜为 3.5mm。

6）深化设计图纸的版本号以大写英文字母表示，当设计院蓝图发生升版时，深化图版本进行相应升版；当该版深化图需要进行修改时，图纸版本号相应升版。

7）深化设计制图人、审核人、项目经理/技术负责人等信息，必须由本人亲笔签名。

8）管线系统标注规则：① 管道：系统＋管径/尺寸＋FL＋标高（管中心标高），如：喷淋系统 ZP DN100 FL＋3000；② 风管：系统＋管径/尺寸＋FL＋标高（风管底标高），如：送风系统 SF 520×250 FL＋3000；③ 电气桥架：系统＋尺寸 FL＋标高（桥架底标高），如：强电桥架 QD 300×100 FL＋3000。

9）管线系统文字标注规则：① 文字样式：Times New Roman，文字宽度因子：0.7；② 文字高度：注释性"否"，文字高度 1.5mm；③ 尺寸定位标注中，如需注释，须使用全局比例 1:100，文字高度 1.5mm；④ 不同的标注文字不应重叠，同一管道不宜进行重复标注。

（11）深化设计图纸图层设置应符合以下的相关规定。

1）深化设计图纸图层颜色应区分设置，严禁不相关专业内容的图层颜色相同或相近，严禁采用黄色、淡黄色。

2）各专业图层命名应为各专业名称缩写，如：空调送风管名称为 K/F—SF。标注图层命名须根据专业区分，如：M—HAVC—DUCT—IDEN（标注—暖通风）。

3）建筑底图应淡化显示，突出机电管线信息。

（12）深化设计图纸种类及图面信息要求。

1）机电深化设计图纸主要包括管线综合深化图、专业平、立、剖面深化图、机房深化图、管井深化图、预留预埋图、支架详图、设备安装详图等。

2）各类深化设计图纸均应包含与之对应的图纸目录，图纸目录内容应包含图纸序号、图号、图名、版本号、图幅及出图日期。

3）标准图框应包含项目名称，建设单位，设计单位，深化设计单位，引用设计图纸名称、编号、版本号，设计变更编号，深化设计制图人、深化设计审核人、深化设计项目经理/技术负责人，审核意见栏，图纸名称、图号、版本号、图纸比例、出图日期等内容信息。除业主有明确要求外，深化设计图纸的图框应统一采用深化设计标准图框。

4）深化设计说明应根据专业（给排水、暖通、电气）分别编制，内容应包含项目概况、深化设计依据、专业系统概述、图例说明、其他注意事项等内容。

5）图例应包含深化设计图纸中管线系统及所有附件、设备等元素符号的平面表达样式及对应的名称与说明。

6）图纸说明应包含标注参照标高、管中管底标高说明及需进一步说明的其他注意事项。

7）深化设计图纸类型及相关图面信息要求见表 3－14，部分深化图纸样如图 3－16～图 3－19 所示（注意：详图请在 QQ 群里下载）。

表 3－14　　　　　　　　　深化设计图纸类型及图面信息要求

深化设计图纸种类	图纸类型	图 面 信 息
管线综合图	管线综合深化平面图	建筑结构底图、图纸说明，图例，机电管线平面及标注，关键设备及设备型号规格、主要工作参数、外形尺寸、平面立面定位等信息。项目如需进行支架深化设计，还应包含支架平面、定位、支架编号等信息
	管线综合节点大样图	建筑结构底图、图纸说明，图例，与平面编号对应的节点剖面及管线标注等，关键设备及设备型号规格、主要工作参数、外形尺寸、立面定位
专业深化图	专业深化平面图	建筑结构底图、图纸说明，图例，机电管线平面及标注，关键设备及设备型号规格、主要工作参数、外形尺寸、平面立面定位等信息。项目如需进行支架深化设计，还应包含支架平面、定位、支架编号等信息
	专业深化节点大样图	建筑结构底图、图纸说明，图例，与平面编号对应的节点剖面及管线标注等，关键设备及设备型号规格、主要工作参数、外形尺寸、立面定位
机房大样图	机房深化平面图	建筑结构底图、图纸说明，图例，机电管线平面及标注，关键设备及设备型号规格、主要工作参数、外形尺寸、平面立面定位等信息。项目如需进行支架深化设计，还应包含支架平面、定位、支架编号等信息
	机房深化节点大样图	建筑结构底图、图纸说明，图例，与平面编号对应的节点剖面及管线标注等，关键设备及设备型号规格、主要工作参数、外形尺寸、立面定位
预留预埋图	预留预埋平面图	建筑结构底图、图纸说明，图例，机电管线平面、关键设备平面、预留孔洞预埋套管编号及平面定位，预留孔洞及预埋套管编号信息表。预留孔洞及预埋套管编号信息表应反映各编号预留孔洞尺寸、标高、穿管尺寸及所属系统，预埋套管尺寸、规格型号、标高、穿管尺寸及所属系统
	预留预埋节点大样图	建筑结构底图、图纸说明，图例，机电管线平面、关键设备平面、预留孔洞预埋套管编号及立面定位
管井深化图	管井深化图	建筑结构底图、图纸说明、图例，支架定位、支架规格及安装方式、机电管线平面及标注、关键节点剖面及标注、三维模型视图平面及标注
支架大样图	支架大样图	图纸说明、图例、机电管线剖面及标注、各编号支架剖面及标注、支架规格及安装方式
设备安装详图	设备安装详图	建筑结构底图、图纸说明，图例，机电管线平面及标注、关键节点剖面及标注，设备平面及设备型号规格、主要工作参数、外形尺寸、平立面定位等信息

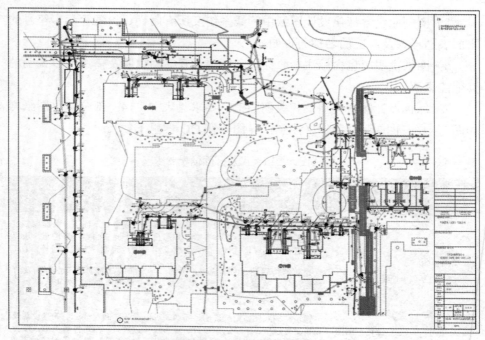

图 3-16　室外管网深化设计图

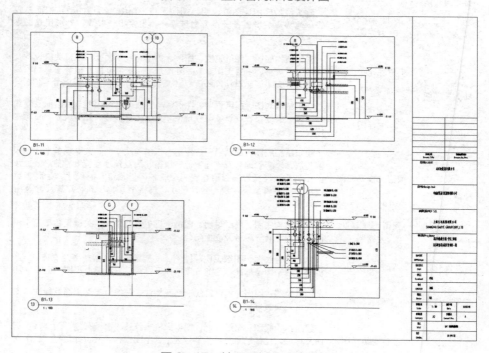

图 3-17　某项目剖面深化图纸

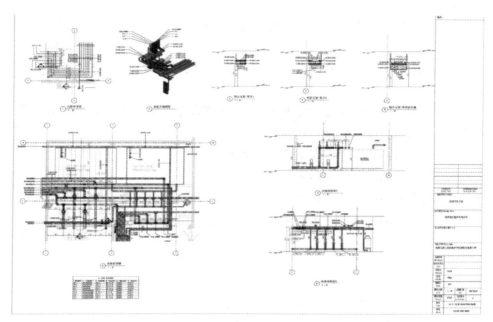

图 3-18 某项目复杂区域深化图纸

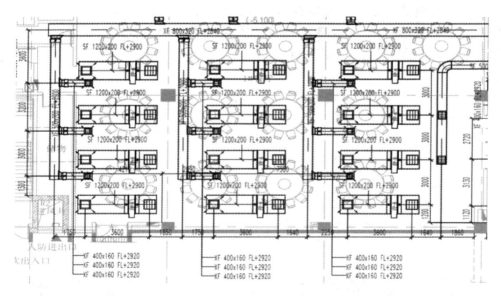

图 3-19 某项目单专业深化图纸

（13）专业深化图纸的注意事项。

1）图面中所有设备编号需与施工图一致。当提供设备安装详图时，核实与设备连接的风管/管道安装的可操作性。

2）建筑背景图应包含所有区域（楼层平面和屋面平面）的房间名称、房间编号和轴线等。

3）深化图上的风管尺寸应表达为金属风管的尺寸。内保温时，应考虑保温层的厚度。

4）应表示散流器和风口尺寸与位置，或者在平面图上附上散流器/风口的设备表，以清楚显示进出风口的尺寸。

5）在施工深化图上需表示检修空间要求。

6）复杂区域需提供剖面图。

7）应表示出测试和维护用的检修门。

8）在施工深化图中，用正确的图例清楚表示防火风管。

9）管道深化图应当正确标识管道系统名称和流向（例如：供/回　冷冻/采暖水）。

10）深化图应当正确标识管道系统和流向。

11）深化图的建筑背景信息应包含房间名称、编号、轴线；管道应按实际尺寸表达，保温层同样需按实际尺寸表达。

12）深化图有支吊架需求时，深化图应反映支吊架的类型和位置，其设置应满足结构设计图要求。平面图中，每个支吊架应当标识对应支架的详图编号。

13）图示并表达同外场的 POC 接点。

（14）深化设计图纸命名规定。

1）深化图纸命名方式为单体（施工分区）+楼层/区域+图纸类型，如：体育馆负一层给水排水及消防深化平面图。

2）图号命名方式为：单体（施工分区）缩写+楼层/区域代号+图纸种类代号+SD+图纸编号，图纸种类代号见表 3－15。如：体育馆负一层给水排水深化平面图对应图号应为 TYG－B1F－JP－SD－01，体育馆负一层给水排水大样图对应图号应为 TYG－B1F－JP－SD－02。表 3－16～表 3－21 分别为暖通专业、给水排水专业、电气专业模型元素类型表及模型元素信息表。

表 3－15　　　　　图纸类型代号表

图纸种类	图纸种类代号	图纸种类	图纸种类代号
管线综合深化图	GZ	电气深化图	DQ
给水排水深化图	JP	强电深化图	QD
给水深化图	J	弱电深化图	RD
排水深化图	P	机房深化图	JF

图纸种类	图纸种类代号	图纸种类	图纸种类代号
消火栓深化图	XH	管井深化图	GJ
喷淋深化图	ZP	预留预埋图	YL
暖通风深化图	KT/F	支架详图	ZJ
暖通水深化图	KT/S	设备安装详图	SB

表 3-16　　　　　　　　　　　暖通专业模型元素类型表

暖通	类型	元素类型要求
	一类	冷水机组、新风机组、空调器、通风机、散热器、水箱等主要设备；伸缩器、减压装置、消声器等次要设备；暖通风管、暖通水管、风口等传输元素；阀门、计量表、开关、传感器等主要附件
	二类	除一类设备外的其他相关设备、仪表、支架等

注：一类元素作为常规深化设计模型必须包含的元素内容，二类元素应根据项目深化设计要求选择添加。

表 3-17　　　　　　　　　　　暖通专业模型元素信息表

序号	元素类型	一类元素信息	二类元素信息
1	设备	元素名称、位置（所属楼层等）、尺寸、标高、设备编号、型号	技术要求、工作参数、使用说明、施工工艺或安装要求等
2	暖通风管	元素名称、所属系统、位置（所属楼层等）、尺寸、标高、材质、保温隔热防火层尺寸、保温隔热层材质	设计参数、材质属性、敷设方式、施工工艺或安装要求等
3	暖通水管	元素名称、所属系统、位置（所属楼层等）、尺寸、坡度、标高、材质、保温隔热防火层尺寸、保温隔热层材质	设计参数、材质属性、敷设方式、施工工艺或安装要求等
4	管件	元素名称、所属系统、位置（所属楼层等）、尺寸、标高、材质、保温隔热防火层尺寸、保温隔热层材质	连接形式、材质属性
5	附件	元素名称、所属系统、位置（所属楼层等）、尺寸、标高、型号、保温隔热防火层尺寸、保温隔热层材质	设计参数、材质属性、安装要求、连接形式等
6	风口	元素名称、所属系统、位置（所属楼层等）、尺寸、标高、型号	设计参数、安装要求等
7	支架	元素名称、支架编号、位置（所属楼层等）、尺寸、标高、材质	设计参数、材质属性、安装要求等

注：一类元素信息作为常规深化设计模型必须包含的元素内容，二类元素应根据项目深化设计要求选择添加。

表3-18 　　　　　　　　　给水排水专业模型元素类型表

给水排水	类型	元素类型要求
	一类	锅炉、冷冻机、换热设备、水箱水池等主要设备；消火栓、水泵接器器等次要设备；给排水管道、消防水管道等管路\管件；阀门、计量表、开关等主要附件
	二类	除一类设备外的其他相关设备、套管、用水器具、喷头、仪表、支架等

注：一类元素作为常规深化设计模型必须包含的元素内容，二类元素应根据项目深化设计要求选择添加。

表3-19 　　　　　　　　　给水排水专业模型元素信息表

序号	元素类型	一类元素信息	二类元素信息
1	设备	元素名称、位置（所属楼层等）、尺寸、标高、设备编号、型号	技术要求、工作参数、使用说明、施工工艺或安装要求等
2	管道	元素名称、所属系统、位置（所属楼层等）、尺寸、坡度、标高、材质、保温隔热层尺寸、保温隔热层材质	设计参数、接口形式、材质属性、敷设方式、施工工艺或安装要求等
3	管件	元素名称、所属系统、位置（所属楼层等）、尺寸、标高、材质、保温隔热层尺寸、保温隔热层材质	连接形式、材质属性
4	附件	元素名称、所属系统、位置（所属楼层等）、尺寸、标高、型号、保温隔热层尺寸、保温隔热层材质	设计参数、材质属性、连接形式、施工工艺或安装要求等
5	支架	元素名称、支架编号、位置（所属楼层等）、尺寸、标高、材质	设计参数、材质属性、安装要求等

注：一类元素作为常规深化设计模型必须包含的元素内容，二类元素应根据项目深化设计要求选择添加。

表3-20 　　　　　　　　　电气专业模型元素类型表

电气	类型	元素类型要求
	一类	发电机、机柜、变压器、二级以上配电箱等主要设备设备；电缆桥架、母线槽、桥架配件
	二类	除一类设备外的其他相关设备、开关、插座、线管、灯具、仪表、支架、其他末端设备等

注：一类元素作为常规深化设计模型必须包含的元素内容，二类元素应根据项目深化设计要求选择添加。

表3-21 　　　　　　　　　电气专业模型元素信息表

序号	元素类型	一类元素信息	二类元素信息
1	设备	元素名称、位置（所属楼层等）、尺寸、标高、设备编号、型号	技术要求、工作参数、使用说明、施工工艺或安装要求等
2	电缆桥架	元素名称、位置（所属楼层等）、尺寸、标高、材质	设计参数、材质属性、线路走向、回路编号、敷设方式、施工工艺或安装要求等

序号	元素类型	一类元素信息	二类元素信息
3	桥架配件	元素名称、位置（所属楼层等）、尺寸、标高、材质	设计参数、材质属性、连接形式、施工工艺或安装要求等
4	母线槽	元素名称、位置（所属楼层等）、尺寸、标高、型号	设计参数、材质属性、线路走向、回路编号、敷设方式、施工工艺或安装要求等
5	线管	元素名称、位置（所属楼层等）、尺寸、标高、材质	设计参数、材质属性、安装要求、连接形式等
6	支架	元素名称、支架编号、位置（所属楼层等）、尺寸、标高、材质	设计参数、材质属性、安装要求等

注：一类元素信息作为常规深化设计模型必须包含的元素内容，二类元素应根据项目深化设计要求选择添加。

3.1.5　模拟施工

模拟施工是指在施工前或施工过程中针对项目建造的重难点施工方案、施工工序、重要节点的施工方法等，通过专业 BIM 模拟软件进行模拟，并输出动画预演施工过程，论证方案的可行性，为现场施工提供指导。

1. 基本规定

（1）项目组组织各参建单位确定 BIM 施工过程模拟需求，并制定详细模拟实施方案（包括方案模拟内容、重要节点数量、所用模拟软件等）。

（2）施工总承包单位输出 BIM 施工过程模拟成果，用于施工方案优化，现场施工技术交底和指导等。

（3）BIM 施工模拟内容应根据施工现场情况及时进行更新调整。

（4）BIM 施工模拟视频应满足使用单位、建设单位和各参建单位的模拟需求。

（5）项目组与各参建单位应将施工模拟成果与现场施工方案执行情况进行对比，提升施工质量、安全、进度管控水平。

（6）BIM 施工模拟成果应主要用于项目组施工管理辅助决策。

2. BIM 施工过程模拟实施内容

（1）基坑支护专项施工方案模拟。

1）模拟内容可包含支护结构施工、施工机械配置、劳动力布置、施工顺序、施工工艺流程、主要施工方法、遇障碍物的处理措施、基坑降水方法、质量保证措施等，具体内容详见表 3－22。

2）通过模拟，提前发现施工安全风险、施工不合理工序、设备调用冲突、资源利用不合理情况，并进行针对性解决，基坑支护模拟如图 3－20 所示。

表 3-22　　　　　　　　　方案模拟内容

模拟方案	模拟位置	模拟工具	模拟脚本	审核对象	模拟成果	交付格式
基坑支护专项施工方案	支护结构施工、施工机械配置、劳动力布置、施工顺序、施工工艺流程、主要施工方法、遇障碍物的处理措施、基坑降水方法、质量保证措施	能够满足模拟成果要求的工具软件	脚本文件由项目组、BIM 咨询单位、监理单位相应负责管理人员签字确认后进行模拟工作	项目组	动画（时长控制 5min 以内）	*.AVI；*.MP4；*.WMV
				BIM 咨询单位	图片（像素 1024×768 以上）	*.jpg；*.png
				监理单位		
				总包单位自审		

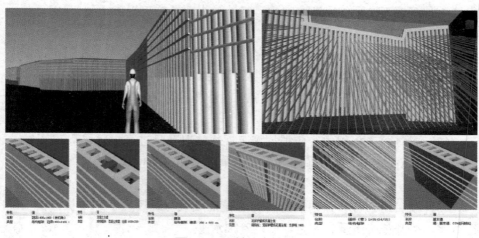

图 3-20　基坑支护模拟

（2）土方开挖及回填施工方案模拟。通过土方开挖及回填施工方案模拟提前发现施工作业空间不足、土方倒运存在的问题，给出解决方法管控经济损失风险，具体模拟要求和内容详见表 3－23。

表 3-23　　　　　　　　　　土方开挖及回填方案模拟要求

模拟方案	模拟位置	模拟工具	模拟脚本	审核对象	模拟成果	交付格式
土方开挖及回填施工方案	土石方开挖施工概况、总体安排、土方开挖工况、石方开挖施工要求、外运及渣土垃圾处置措施、开挖时管线、立柱桩保护措施	能够满足模拟成果要求的工具软件	脚本文件由项目组、BIM咨询单位、监理单位相应负责管理人员签字确认后进行模拟工作	项目组	动画（时长控制5min以内）	*.AVI；*.MP4；*.WMV
				BIM 咨询单位	图片（像素1024×768以上）	*.jpg；*.png
				监理单位		
				总包单位自审		

（3）高支模专项施工方案模拟。高支模专项施工方案模拟（图 3-21）重点用于施工方案专家论证会上辅助专家评审，利用 BIM 技术对措施方案的可行性及施工工艺进行模拟，并统计工程量，确保施工顺利进行。具体模拟要求和内容详见表 3-24。

图 3-21　高支模方案演示

表 3-24　　　　　　　　　　高支模专项施工方案模拟要求

模拟方案	模拟位置	模拟工具	模拟脚本	审核对象	模拟成果	交付格式
高支模专项施工方案	施工部署、模板支撑体系设计、模板支撑体系构造要求、模板施工方法、模板支撑架的搭设与拆除、安全文明施工、应急预案	能够满足模拟成果要求的工具软件	脚本文件由项目组、BIM咨询单位、监理单位相应负责管理人员签字确认后进行模拟工作	项目组	动画（时长控制5min以内）	*.AVI；*.MP4；*.WMV
				BIM 咨询单位	图片（像素1024×768以上）	*.jpg；*.png
				监理单位		
				总包单位自审		

（4）普通模板及支撑架专项方案模拟。通过普通模板（图3-22）及支撑架专项方案模拟提前发现搭设过程中存在的问题，并进行针对性解决，输出三维拼模方案效果图、下料单、构件拼模图、材料统计表等。用这种看得见的三维拼模效果图来代替传统经验估计，实现下料有依据、交底更便捷、成本节约看得见。具体模拟要求和内容详见表3-25。

表3-25　　　　　　　　普通模板及支撑架专项方案模拟要求

模拟方案	模拟位置	模拟工具	模拟脚本	审核对象	模拟成果	交付格式
普通模板及支撑架专项方案	施工部署、模板支撑体系设计、模板支撑体系构造要求、模板施工方法、模板支撑架的搭设与拆除、安全文明施工、应急预案	能够满足模拟成果要求的工具软件	脚本文件由项目组、BIM咨询单位、监理单位相应负责管理人员签字确认后进行模拟工作	项目组	动画（时长控制5min以内）	*.AVI；*.MP4；*.WMV
				BIM咨询单位	图片（像素1024×768以上）	*.jpg；*.png
				监理单位		
				总包单位自审		

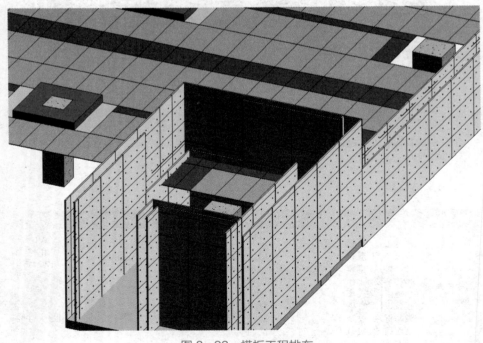

图3-22　模板工程排布

（5）施工重大应急预案模拟。根据项目的实际情况，确定重大应急预案内容，重点包括火灾、自然灾害、人身伤害事故等重大应急事件。通过施工应急预案模拟预演事故发生的处置措施，解读相关人员职责，有效防止事故扩大，最大限度减少生命财产损失。具体模拟要求和内容详见表 3-26。

表 3-26　　　　　　　　　　　　　施工重大应急预案模拟要求

模拟方案	模拟位置	模拟工具	模拟脚本	审核对象	模拟成果	交付格式
施工现场应急管理与应急救援预案	应急处置管理机构、响应程序、应急处置、事故应急响应预案、急救定点联系医院及路线图	能够满足模拟成果要求的工具软件	脚本文件由项目组、BIM咨询单位、监理单位相应负责管理人员签字确认后进行模拟工作	项目组	动画（时长控制5min以内）	*.AVI；*.MP4；*.WMV
				BIM 咨询单位	图片（像素1024×768以上）	*.jpg；*.png
				监理单位		
				总包单位自审		

（6）外脚手架专项施工方案模拟。通过外脚手架专项施工方案模拟提前发现搭设过程中的问题并进行针对性解决，模拟成果用于施工方案比选，形成最优方案。具体模拟要求和内容详见表 3-27，四种常用的外脚手架专项施工方案如图 3-23～图 3-26 所示。

表 3-27　　　　　　　　　　　　　外脚手架专项方案模拟要求

模拟方案	模拟位置	模拟工具	模拟脚本	审核对象	模拟成果	交付格式
外脚手架专项施工方案	外脚手架搭设、卸料平台、物料提升机及安全通道的搭设、安全及文明施工、脚手架危险源分析及应急响应预案	能够满足模拟成果要求的工具软件	脚本文件由项目组、BIM咨询单位、监理单位相应负责管理人员签字确认后进行模拟工作	项目组	动画（时长控制5min以内）	*.AVI；*.MP4；*.WMV
				BIM 咨询单位	图片（像素1024×768以上）	*.jpg；*.png
				监理单位		
				总包单位自审		

图3-23　方案一　满堂钢管脚手架支撑体系

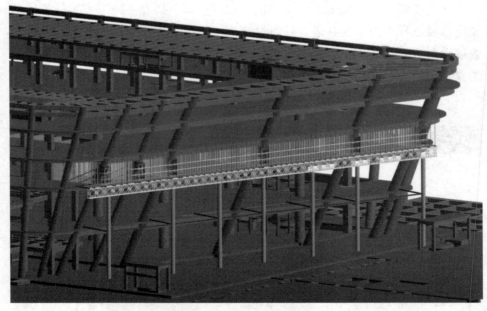

图3-24　方案二　分层搭设单侧钢管贝雷架支撑体系

图 3-25　分层搭设单侧贝雷架平台支撑体系

图 3-26　一次搭设贝雷架支撑体系

（7）钢结构吊装方案模拟。通过钢结构吊装方案模拟优化吊装顺序，模拟成果用于吊装方案比选，形成最优吊装方案，具体模拟要求和内容详见表 3-28。

表 3-28   钢结构吊装方案模拟要求

模拟方案	模拟位置	模拟工具	模拟脚本	审核对象	模拟成果	交付格式
钢结构吊装方案	施工准备、钢结构拼装、钢结构安装、楼承板安装、高强度螺栓施工工艺、防火涂料施工	能够满足模拟成果要求的工具软件	脚本文件由项目组、BIM咨询单位、监理单位相应负责管理人员签字确认后进行模拟工作	项目组	动画(时长控制5min以内)	*.AVI；*.MP4；*.WMV
				BIM咨询单位	图片(像素1024×768以上)	*.jpg；*.png
				监理单位		
				总包单位自审		

（8）设备吊装方案模拟。通过设备吊装方案模拟（图 3-27），预演设备吊装路线、安装的条件，模拟成果用于吊装方案比选，形成最优吊装方案，具体模拟要求和内容详见表 3-29。

表 3-29   设备吊装方案模拟要求

模拟方案	模拟位置	模拟工具	模拟脚本	审核对象	模拟成果	交付格式
设备吊装方案	主要施工机具、吊装路线、吊装工艺、应急预案	能够满足模拟成果要求的工具软件	脚本文件由项目组、BIM咨询单位、监理单位相应负责管理人员签字确认后进行模拟工作	项目组	动画(时长控制5min以内)	*.AVI；*.MP4；*.WMV
				BIM咨询单位	图片(像素1024×768以上)	*.jpg；*.png
				监理单位		
				总包单位自审		

图 3-27   设备吊装模拟

3. 场地布置及优化

按照施工方案和施工进度要求，利用 BIM 技术对现场的生产及生活设施，包括办公（图 3-28）及生活临建、机械设备、材料堆场、道路交通等进行科学规划布置，正确处理好施工期间所需各项设施和永久建筑、拟建工程之间的关系。

（1）BIM 施工总平面布置依据。施工场地布置伴随工程施工的整个过程，是工程项目顺利施工的前提。施工场地总平面布置应以下列内容为依据：

1）施工项目基本信息：包含对施工现场布置有较大影响的既有建筑物信息。

2）施工现场场地信息：包含现场实际勘测信息、现场红线、临时水电管网接入点、气象资料等场地信息。

3）人、机、料相关信息：包含现场材料需求计划、人力资源计划、机械设备布置方案等。

（2）BIM 施工总平面布置模型。

1）由施工总承包单位基于施工 BIM 基准模型创建施工总平面布置模型。施工总平面布置模型包含场地信息、施工机械设备、临时设施、施工材料堆场等模型内容。

2）施工组织设计文档、施工图纸、工程项目施工进度计划、可调配的施工资源概况、施工现场勘察报告等作为施工总平面布置参考文件。

3）施工总平面布置模型精度在满足业主方要求的情况下，同时应满足相关规范模型内容的清单要求，具体要求见表 3-30。

表 3-30　　　　　　　　　　BIM 施工总平面布置模型内容

类别	模型来源	模 型 内 容	信 息 要 求
机械设备布置	在场地地形模型基础上由施工总承包方经过深化形成机械设备布置模型	起重机械	型号、形状、位置、参数采购信息、安装信息
		施工电梯	型号、形状、位置、参数采购信息、安装信息
		塔吊	型号、形状、位置、参数采购信息、安装信息
		运输车辆	型号、形状、位置、参数运输路径
		施工机具：搅拌机、翻斗车、桩工机械等	型号、形状、位置、参数施工路径

类别	模型来源	模型内容	信息要求
临时建筑布置	在场地地形模型基础上由施工总承包方经过创建形成临时建筑布置模型	工地大门	尺寸、材质、形状、位置
		临时办公场所	尺寸、材质、形状、位置
		临时生活区：宿舍、伙房、库房、学习及娱乐场所、厕所、淋浴室、垃圾处理区、围栏、宣传栏等	尺寸、材质、形状、位置
		样板展示区	尺寸、材质、形状、位置
		窝棚、工棚等棚屋	尺寸、材质、形状、位置
		门卫室	尺寸、材质、形状、位置
		原有建（构）筑物及场地	尺寸、形状、位置
临时道路布置	在场地地形模型基础上由施工总承包方经过创建形成临时道路布置模型	工地围挡	尺寸、形状、位置
		围墙	尺寸、形状、位置
		临时道路	尺寸、形状、位置
		永久道路设施	尺寸、形状、位置
临水临电布置	在场地地形模型基础上由施工总承包方经过创建形成临水临电布置模型	供水管网	管径、材质、管路布置
		供电管网	管径、材质、管路布置
		防护设施	尺寸、材质、形状、位置
		配电箱、开关箱及用电设备	尺寸、形状、位置、参数
		水泵、喷淋等用水设备	尺寸、形状、位置、参数
		现场防火及防尘设施	尺寸、形状、位置、参数
加工材料堆场布置	在场地地形模型基础上由施工总承包方经过创建形成加工材料堆场布置模型	钢筋加工厂	尺寸、形状、位置
		木材加工厂	尺寸、形状、位置
		仓储间	尺寸、形状、位置
		加工机械堆场	尺寸、形状、位置
		标牌	尺寸、形状、位置、文字
		特殊材料堆场：易燃、易爆、易碎物品	尺寸、形状、位置及醒目标识

图 3-28　办公区平面布置

（3）施工总平面布置模型应用。

1）施工总平面布置模型（图 3-29）通过不同视角进行施工场地漫游，对总平面布置方案进行评估比选，确定最优方案。

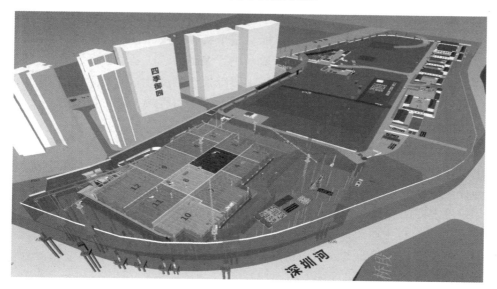

图 3-29　施工总平面模型

2）优化各施工阶段塔吊、现场材料堆放、施工道路等布置工作，避免各施工专项之间的冲突、减少二次搬运、保证施工道路畅通，避免道路布置的潜在的隐患，避免火灾发生。

3）对于大宗物资、材料及机械进场、场地超期使用等情况，利用施工总平面布置模型分析制定合理的场地资源利用方案。

4）通过 BIM 工具软件统计各阶段相关工程量，为施工材料堆放提供针对性建议或解决方案。

5）利用施工总平面布置模型研判施工现场消防通道、消防水源的设置是否符合规范要求，保证消防安全。

3.2 项目实施阶段 BIM 应用方法

基于 BIM 技术的可视化、信息协调、模拟仿真、综合优化等功能，在项目的实施阶段融入 BIM 技术手段，加强项目策划能力，提高项目各参与方的沟通效率，从项目的进度、质量、安全、成本及物资采购等方面提升项目的精细化管理水平。

3.2.1 基于 BIM 的施工进度管理

施工总承包单位的项目进度管理涉及业主方、设计方、分包、材料商等多家单位，任何一方面的偏差都可能对整个实施阶段的目标进度产生影响。项目进度计划管理是围绕目标工期要求进行编制的，在基于目标进度计划的基础上实行动态控制，即在实施过程中跟踪检查进度计划的实际执行情况，对比分析计划进度和实际进度，优化调整，直至工程竣工交付使用的一个动态的过程。

动态控制的主要方法包括进度前锋线比较法和挣值法分析两个手段，其中前锋线比较法是通过绘制检查时刻的实际进度前锋线，进行工程实际进度与计划进度的比较，该方法可以直接反应检查日期有关的工作实际进度与计划进度之间的关系，通过实际进度与计划进度的比较确定进度偏差；然后，根据工作的自由时差和总时差预测进度偏差对后续工作及项目总工期的影响。挣值法分析是通过分析项目目标实施与项目目标期望之间的差异，从而判断项目实施费用、进度绩效的一种方法。

上述两种方法各有优劣，但均不能同时反映进度计划的综合结果，前者侧重反映工期，后者侧重反映费用和绩效。基于 BIM 技术的进度计划管理，具有直观可视化的特点，能够有效地结合人、才、机的使用情况，做到工期进度的事前控制，过程中快捷调控，数据的联动更新，能有效地增强管理者的进度控制能力，辅助项目顺利实施。

　　BIM 模型是实行进度管理的基础，信息的收集、整理、加工、试用是 BIM 进度管理的核心。基于 BIM 模型可以关联进度计划、人、材、机等要素内容，通过 5D 平台设置进度管理不同权限，项目的总承包方能方便、快捷地进行项目的管理，进度模拟如图 3-30 所示。

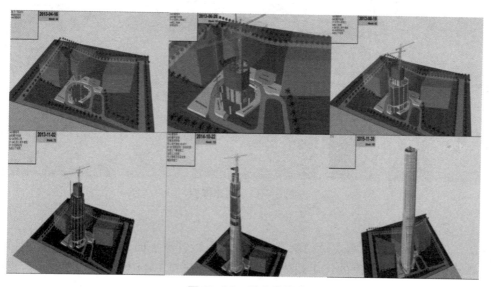

图 3-30　进度模拟

3.2.2　基于 BIM 的施工质量管理

　　施工总承包单位在施工阶段的质量控制，根据项目实体质量形成的不同阶段，分为事前控制、事中控制和事后控制。基于 BIM 的施工质量管理也从以上几个阶段结合了 BIM 技术的应用特点，具体内容如下：

1. 事前控制

　　基于 BIM 的事前质量控制内容主要集中在项目技术管理上的应用，其内容包括但不限于动态样板编制（图 3-31）、三维可视化交底、施工方案模拟、管综深化设计、综合支吊架设计、深化设计出图、图纸问题清单等。如：图纸问题清单，在各专业 BIM 模型创建过程中，规避各专业图纸中的错、漏、碰、缺等问题，提前发现图纸问题，一定程度上为后续现场的实施规避了设计风险。

图 3-31　动态样板

2. 事中控制

基于 BIM 的事中质量控制主要体现在质量管理层面上。BIM 模型三维可视化，同时也是信息的优质载体，通过移动端浏览 BIM 模型，针对复杂节点的施工质量检查，省去现场翻看图纸的麻烦。BIM 模型三维立体显示，提高了检查的准确性，能够及时发现问题。事中质量控制还体现在项目管理平台的应用方面，基于项目管理平台，以 BIM 模型为信息载体，关联现场检查和整改等信息，在固化的流程基础上形成质量计划、实施、检查、处置的一个闭环，并将流程信息记录在平台中，便于项目质量问题的追查，主要流程如图 3-32 所示。

3. 事后控制

基于 BIM 的事后质量控制主要体现在项目后期的质量验收及项目经验推广。BIM 模型作为项目质量计划、实施、检查、处置（PDCA）的信息载体，辅助项目的检验分批、分部分项以及单位工程等，同时项目节点深化 BIM 模型、施工模拟等内容可作为项目的技术积累资料，为后续项目提供直观、有效的依据。

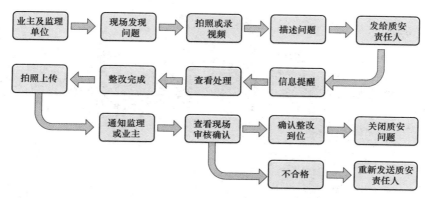

图 3-32　质量问题线上流程

3.2.3　基于 BIM 的施工安全管理

安全管理的目的是为了安全生产，安全管理的方针也应符合安全生产的方针，即"安全第一，预防为主"。基于 BIM 的施工安全管理，主要体现在"预防"阶段。

基于 BIM 的三维可视化技术在施工准备阶段能够进行施工安全规划，在质量安全技术交底中能够进行危险源识别、安全风险分析、安全措施交底，包括临边洞口防护（图 3-33）、通道口、防护电梯井口、门洞口及安全防护措施（图 3-34）等的应用，为项目质量安全管理保驾护航。

图 3-33　临边洞口防护

图 3-34　楼梯防护标化

　　借助于 VR 技术的应用，将 BIM 模型导入 VR 设备，体验者以沉浸式的方式，在有限的场地内模拟优化安全体验馆内的平衡木行走体验、安全带防护体验、洞口坠落体验、触电体验、消防体验等体验项目，如图 3-35 所示，强化施工参与人员的安全意识，传播安全知识，提高安全风险的辨识和防范能力，最大限度地降低安全事故的发生。

图 3-35　VR 安全体验

3.2.4　基于 BIM 的施工成本管理

　　基于 BIM 的施工成本管理在于"量"的全生命周期管理，具有保证成本信息真实性、实时性、灵活性的特点，可以精确控制相应的工程量，达到对施工成本的精细化管理。

目前，BIM 成本管理中的算量部分已日渐成熟，BIM 模型直接导出工程量包含了清单和定额两种模式，即模型数据可以直接挂接各省市的定额做法，为后续成本套价提供有力的数据支撑。

BIM 模型的精细程度对 BIM 成本算量内容的子项种类有很大影响。根据项目的具体需求，项目建立的 BIM 模型精度也是不一致的。同时，BIM 模型一模多用的性质往往导致了 BIM 模型的量并不能完全满足现场施工成本量的统计，例如 BIM 模型中的电缆电线量暂无法统计，所以与传统成本算量相结合，能更好地满足现场需求，便于高效、快速地计算出相应的成本。

3.2.5　基于 BIM 的物资采购管理

基于 BIM 的物资采购管理主要体现在施工的分包材料管控以及材料采购管理方面的应用，以辅助项目的精细化管理。

分包材料管控，如图 3-36 所示，是在基于 BIM 成本算量管理基础上实施的。项目实施过程中，可根据需要统计的全部工程量，或者框选某一部分工程量直接导出，也可以按专业按系统导出工程量，满足项目的实际需求，用来管理分包材料的提料和管控。

图 3-36　材料管控分析

材料采购管理在于项目管理平台与电子商务平台的结合，基于 BIM 模型的载体，将采购信息流程固化于平台中，实现项目采购管理的透明化、制度化和规范化。

使用部门根据施工进度计划分别编制物资使用总计划、月计划，并向物资管理部门提交下月各种材料、设备需用计划，确定现场所需各种材料、设备的最迟进场时间。

3.3 项目交付阶段 BIM 应用方法

3.3.1 项目 BIM 成果的质量管控要点

1. 质量管控

质量管控可分为内部质量管控和外部质量管控。

内部质量管控是指通过企业内部的组织管理及相应标准流程的规范，对项目过程中应交付的 BIM 模型及 BIM 应用成果进行质量管控。

外部质量管控是指与项目其他参与方在协调过程中对共享、接收、交付的 BIM 模型及 BIM 应用成果进行的质量管控。

（1）内部质量管控。为确保每个阶段信息交换前的模型质量，需要在 BIM 应用流程中加入模型质量控制的判定节点。项目 BIM 团队在每个 BIM 模型创建之前，应预先计划模型创建的内容、精度、模型文件格式、模型更新的责任方和模型分发的范围，并制定 BIM 成果的质量管控计划及质量管控程序，确保信息和数据准确性的检查以保证质量。BIM 项目经理负责整体 BIM 协调和质量把控，各专业 BIM 工程师具体执行质量管控程序。在提交可交付成果前，各项目成员负责对 BIM 模型质量进行控制检查，保持模型数据的及时更新、准确和完整。制订质量管控计划时应考虑以下几个方面：

① 制定 BIM 质量控制标准：需综合考虑国家的设计、施工相关标准、本项目要求的 BIM 建模规范。

② 制定 BIM 质量控制标准：需综合考虑业主、施工方需求。

③ 模型精准度：模型应该包含以设计意图、分析和建造为目的所需的适用尺寸、详细等级，结合各阶段的需求，选择合适的模型精度。

④ 数据集验证：确保数据集数据的正确性。

⑤ 多专业模型协调 BIM 数据的确认。如 BIM 文件的分割与整合应符合 BIM 实施计划中确定的方式；BIM 文件结构、格式和命名应符合项目数据交换协议；BIM 模型文件应保持更新且包含所有用户的本地修改；BIM 模型组

装应检验正确；BIM 模型应清除冗余内容，如无关的视图、参照图纸、链接参照模型等；应检查、整理和压缩各模型文件，尽可能保持模型文件轻量化。

内部质量控制检查包括目视检查、碰撞检查、标准检查、构件验证。

目视检查：确保没有多余的模型构件，并检查模型是否正确地表达设计意图；

碰撞检查：由碰撞检查软件检查不同模型或构件之间是否有冲突问题；

标准检查：用标准检查软件检查 BIM 模型及文件，确保符合相关 BIM 标准要求；

构件验证：用验证软件检查模型是否有未定义或错误定义的构件，确保 BIM 模型与设计图纸的一致性。

（2）外部管控。外部管控可通过电子联系（如协调管理平台）、会议交流（如设计审核会、模型协商会议）等形式进行协作和交流。

外部管控的步骤：

① 对各参与方交付的 BIM 模型和 BIM 应用成果进行质量检查。

② 质量检查的结果，以书面记录的方式提交业主审核，通过业主审核后，各参与方根据业主要求进行校核和调整。

③ 对于不合格的模型等交付物，将明确告知相关参与方不合格的情况和整改意见，由相关参与方进行整改。

④ 全部验收合格的 BIM 成果，进行汇总整理提交业主。

2. 质量控制点

根据项目实施阶段，结合项目实际，制定相应的质量控制点。通常，质量控制点包括文件格式、版本、项目坐标定位、模型拆分与整合原则、模型精度、一致性、合理性、准确性。

（1）一致性。模型必须与 2D 图纸一致（图模一致性），模型无多余、重复、冲突的构件。

在项目各个阶段，模型要跟随深化设计及时更新。模型反映对象名称、材料、型号等关键信息。

（2）合理性。模型的构建要符合实际情况，例如施工阶段应用 BIM 时，模型必须分层建立并加入楼层信息，不允许出现一根柱子从底层到顶层贯通等与实际情况不符的建模方式。墙体、柱结构等跨楼层的结构，建模时必须按层断开建模，并按照实际起止标高创建。

（3）准确性。BIM 模型的准确性对项目实施有着重要影响。例如梁、墙构件横向起止坐标必须按实际情况设定，避免出现梁、墙构件与柱重合情况。

某项目的 BIM 成果质量控制点见表 3–31。

表 3–31   BIM 成果质量控制点

建筑施工图设计	结构施工图设计	MEP 施工图设计	初步设计/施工图设计/施工/竣工阶段的整合模型
指定版本的 BIM	指定版本的 BIM	指定版本的 BIM	所有指定可用模型
包括具体楼层	包括具体楼层	包括具体楼层	模型代表相同设版本
分别在每一层进行建筑构件和空间建模	分别在每一层进行建筑构件和空间建模	每一层的部件定义	模型定位于适用坐标系上
包括所要求的建筑构件	包括所要求的建筑构件	包括所要求的建筑构件	立轴和 ME 系统之间无冲突
使用适用建筑构件	使用适用建筑构件	使用适用构件模拟部件	横向预留与 MEP 没有冲突
多类型建筑构件	建筑构件类型按照指定类型	部件附属于一个恰当系统	吊顶和 MEP 之间没有冲突
无过量建筑构件	无过量建筑构件	系统定义的系统颜色	柱的穿透深度适宜
构件之间无重大冲突	构件之间无重大冲突	无过量部件	
建筑与结构构件无冲突	建筑与结构构件无冲突	无重叠的部件	
空间区域匹配于空间计划	建筑上的穿透深度与结构 BIM 之间无冲突	部件之间无重大冲突	
BIM 包括 MEP 的空间保留	柱和梁衔接	MEP 与规范之间无冲突	
确定的空间高度（包括吊顶）	包括在结构中的 MEP 穿透深度及预留深度	构件刚好放入其空间预留深度	
与墙相匹配的空间形状及尺寸		MEP 与建筑、结构 BIM 之间无冲突	
空间不重叠			
所有空间有唯一标识			

某项目的机电 BIM 成果质量控制要点见表 3–32。

表 3-32　　　　　　　　　　模型创建审核及质量控制要点

序号	控 制 要 点
1	软件平台、版本选取与项目体量及需求是否合理
2	模型文件大小及项目文件拆分数量是否合理
3	模型文件轴网标高信息与土建模型是否一致
4	参照图纸版本是否正确，参照图纸管理是否恰当
5	参照图纸处理是否恰当，是否造成信息缺失
6	管线系统是否遗漏、缺失
7	管道系统材质是否选用恰当
8	管道管件、风管管件、桥架配件选用是否合理，数量是否缺失
9	管道、风管附件添加是否合理，数量是否缺失、遗漏
10	设备型号是否选用正确，尺寸位置信息是否恰当
11	系统过滤器设置是否合理，容易辨识
12	模型、参照图纸命名规则是否正确合理
13	模型精度是否满足业主、项目部或 BIM 总包方要求

3.3.2　项目 BIM 成果的审核与交付

1. 项目 BIM 成果的审核

为保证 BIM 成果的真实可靠性，需要制定相应的 BIM 成果审核机制。BIM 成果审核的参与者为项目实施各阶段的相关方（业主或代业主、设计、施工、监理、BIM 等），可以通过会议、电子联系等形式审定、商议、确认相关成果。

例如，以下为某项目 BIM 成果的审核流程（图 3-37）。

（1）BIM 咨询组和设计组进行各专业模型创建及整合，按时间节点提交成果，由 BIM 咨询组成员协调组织各专业负责人进行模型会审。依据原设计图纸及业主要求，针对模型的完整性和准确性进行审核，形成 BIM 成果审核记录并会签，再由 BIM 设计负责人进行施工深化设计的协调工作。

（2）BIM 咨询负责人应按时间节点汇总模型，并组织各参与方进行模型会审，针对模型的经济性、合理性和施工的可行性进行审核，形成 BIM 成果审核记录并会签。再由 BIM 设计负责人进行图纸输出，BIM 设计负责人进行项目工程量统计及三维动画展示。

（3）BIM 设计负责人提交工程量清单及吊装动画模拟展示，提交深化设计图纸。由 BIM 咨询负责人组织项目各方进行深化图纸审核及模拟动画是否与项目情况完全符合的审阅工作。形成 BIM 成果审核记录并会签后，交付项目部进行现场施工指导。

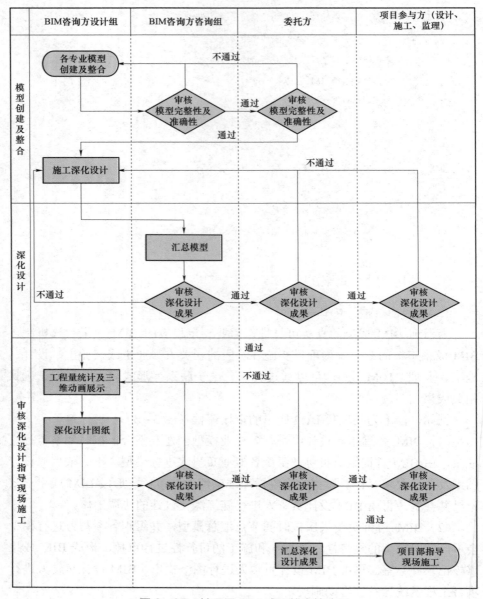

图 3-37　某项目 BIM 成果的审核流程

2. 项目 BIM 成果的交付

BIM 交付主要包括项目中 BIM 可交付成果及信息递交格式。根据交付的对象、内容、用途，可分为对内交付和对外交付两种。此外，根据对 BIM 交付的时间要求，可分为过程交付和竣工验收交付两种。

（1）对内交付。侧重于有效指导和保障施工过程的顺利、有序进行，提高工程效率和质量，降低工程成本，其主要内容包括：

① 用作现场实施技术依据和指导的 BIM 深化设计交付。

② 用作施工管理的 BIM 施工组织设计交付。

③ 用作满足企业管理需要的项目工程资料 BIM 应用成果归档交付。

（2）对外交付。侧重于依据施工合同或招标文件的约定，并符合国家、地方的相关标准、规定，其主要内容包括：

① 依据施工合同向建设单位交付 BIM 竣工模型及衍生成果；

② 为配合建设单位组织竣工验收、向政府监管机构申请办理竣工验收备案而进行的 BIM 相关交付。

（3）过程交付。从施工准备到项目竣工，用于指导和管理施工过程所需的各种 BIM 模型及衍生成果。

（4）竣工验收交付。现场施工完成后，为工程验收移交，根据政府主管部门的相关规定和施工合同要求，须提交的各种 BIM 模型及衍生成果。

BIM 交付的内容，具体参见表 3-33。

表 3-33　　　　　　　　　　BIM 交 付 内 容

BIM 交付		内　容	备　注
BIM 对内交付	BIM 深化设计交付	各专业 BIM 设计模型及衍生成果	衍生成果：如各专业工程施工图等
		BIM 施工深化模型及衍生成果	衍生成果：如各类深化图纸、技术文档等
	BIM 施工组织设计交付	体现工程实体基本信息的 BIM 施工作业模型	工程实体基本信息：如几何信息、非几何信息（功能要求、构件性能参数等）
		体现施工过程附加信息的 BIM 施工模型	施工过程附加信息：如施工场地布置、施工现场物流管理、施工顺序与进度、施工资源配置与供应等
		基于 BIM 施工模型形成的成果	如施工方案、施工重难点专项方案、施工总平面图布置、施工进度配置规划、施工资源配置规划等

续表

	BIM 交付	内 容	备 注
BIM 对内交付	BIM 施工组织设计交付	用于施工模拟和施工方案技术交底的施工模型及衍生成果	衍生成果：如模拟动画视频文件、图片等
	BIM 应用成果归档交付	用作满足企业管理需要的项目工程资料 BIM 应用成果	如 BIM 施工模型、竣工模型、相关的技术文档、工程信息资料等
BIM 对外交付	BIM 竣工交付	依据施工合同，向建设单位交付 BIM 竣工模型及衍生成果	衍生成果：如各类工程图纸、技术文档、其他所需工程资料、设施运维模型、BIM 相关培训等
	BIM 配合竣工验收交付	配合建设单位组织竣工验收、向政府监管机构申请办理竣工验收备案，进行的 BIM 相关交付	相关施工管理文件、工程技术资料
BIM 过程交付	自施工准备至项目竣工	用于指导和管理施工过程所需的各种 BIM 模型及衍生成果	衍生成果：如施工深化设计、施工组织设计、过程变更管理等
BIM 竣工验收交付	现场施工完成后	为工程验收移交，须提交的各种 BIM 模型及衍生成果	衍生成果：BIM 竣工模型、相关过程技术及管理文件等

某项目 BIM 交付要求见表 3-34。

表 3-34 某项目 BIM 交付要求

阶段	输 出 成 果	技术软件	成果格式	备注
施工测量及场地规划	场地布置模型	Revit/Civil3D	*.rvt、*.dwg	
	场地布置平面图	Revit	*.dwg	
	误差分析报告	Word	*.docx	
基础工程	施工方案模拟模型	Revit	*.rvt、*.dwg	
	施工方案模拟视频	广联达 BIM5D	*.avi	
	施工方案	Word	*.docx	
主体结构工程	施工图模型	Revit	*.rvt、*.dwg	
	工程联系单	Word	*.docx	
	施工工序模拟	广联达 BIM5D	*.avi	
	施工方案模拟	广联达 BIM5D	*.avi	
	混凝土、模板工程量明细表	广联达	*.xlsx	

续表

阶段	输 出 成 果	技术软件	成果格式	备注
钢结构工程	钢结构深化设计模型	Tekla	*.dbi、*.dwg	
	工程联系单	Word	*.docx	
	钢结构顶升方案及模拟视频	广联达 BIM5D	*.avi	
	钢结构深化加工图	Tekla	*.dwg	
	钢结构工程量明细表	Tekla	*.xlsx	
屋面及保温工程	屋面细部做法模拟模型	Revit	*.rvt、*.dwg	
	屋面细部做法模拟视频	广联达 BIM5D	*.avi	
	屋面施工方案	Word	*.docx	
	屋面各项细部做法工程量明细表	广联达	*.xlsx	
安装工程	机电深化模型	Revit	*.rvt	
	工程联系单	Word	*.docx	
	机电深化平面图	Revit	*.dwg	
	机电深化剖面图	Revit	*.dwg	
	支吊架深化平面图	Revit	*.dwg	
	支吊深化架剖面图	Revit	*.dwg	
	机电工程量明细表	广联达	*.xlsx	
砌体工程	二次砌体排布模型	广联达 BIM5D	*.b5d	
	工程联系单	Word	*.docx	
	预留孔洞图	广联达 BIM5D	*.dwg	
	砌体工程量明细表	广联达 BIM5D	*.xlsx	
装饰装修及门窗工程	装修模型	Revit	*.rvt	
	装修深化图	Revit	*.dwg	
	VR 装修场景	Fuzor	*.exe	
	装饰装修工程量明细表	Revit	*.xlsx	
室外总体工程	室外管网深化模型	Revit	*.rvt	
	室外管网施工开挖方案模拟	广联达 BIM5D	*.avi	
	工程联系单	Word	*.docx	
	室外管网深化设计图	Revit	*.dwg	
	室外管工程量明细表	Revit	*.xlsx	

阶段	输 出 成 果	技术软件	成果格式	备注
进度管理	进度管理模型	广联达 BIM5D	*.b5d	
	施工进度动画	广联达 BIM5D	*.avi	
	进度分析报告	Word	*.docx	
	施工进度计划	Project	*.mpp	
质量安全管理	质量安全模型	Revit	*.rvt、*.dwg	
	质量安全方案模拟	广联达 BIM5D	*.avi	
	措施构件工程量明细表	广联达	*.xlsx	

3.4　本章小结

　　本章将 BIM 技术在工程项目中的实施应用过程分为项目准备、项目实施和项目交付三个阶段。项目准备阶段主要介绍深化设计、模拟施工等基于 BIM 的技术应用内容，并介绍了在全生命周期过程中管理平台的建立使用和维护；项目实施阶段介绍了 BIM 技术与进度、成本、质量、安全等项目关键管理内容的结合，属于基于 BIM 的管理应用内容；项目交付阶段主要介绍了基于 BIM 的成果交付流程和交付要求。该章是对第 2 章项目实施策划的响应，为项目的具体实施提供指导。

第4章

工程项目 BIM 实施案例

4.1 超高层项目实施案例

该案例是珠海中心超高层塔楼项目，通过运用 BIM 技术、工程项目管理云平台等信息化手段，实现对项目整个施工过程的管理控制。在该项目施工过程中，有针对性地利用 BIM 技术可视化、协调性、模拟性、可统计性、可出图性等特点，以及工程信息化管理云平台的相关模块，对项目基坑、混凝土、钢结构、机电、幕墙等施工过程进行优化，解决项目难点，从技术层面对工程项目进行管控，并通过工程项目管理云平台的应用，实现项目各参与方的协同工作，从组织层面对项目进行管理。将 BIM 技术与工程项目管理平台集成应用，实现项目施工过程精细化管理的目标。

4.1.1 项目简介

该项目位于珠海东部城区、西部城区和横琴新区的中心，为国家战略"横琴大开发"的启动项目，其毗邻湾仔、横琴和拱北三大口岸，通过港珠澳大桥与香港直接相连，占地面积约 5.77km²，工程投资 65 亿元。其中，施工难度最大的标志性塔楼总建筑积 15 万 m²，高度 328m，共 66 层，36 层以下为办公层，37 层以上为酒店层。塔楼采用带伸臂桁架及腰桁架的钢框架加钢筋混凝土核心筒结构体系，核心筒内楼板采用现浇混凝土楼板，核心筒以外区域采用钢筋桁架式楼承板。

4.1.2 施工管理重点难点及应对措施

该项目位于珠江入海口，地质条件极其复杂，具有一系列施工管理重点及难点。

（1）超大深基坑临海，支护复杂，对施工方案要求高。

（2）混凝土核心筒采用整体液压爬模架体系，施工要求高。

（3）钢结构安装高度高、构件质量大、倾斜及悬臂构件多、安装顺序复杂。

（4）机电安装系统复杂、安装位置狭小，空间管理要求高。

（5）曲面幕墙造型复杂，大量采用异形曲面板块，制作安装精度要求高。

（6）项目参与方众多，协同工作难度大。

基于以上重点难点，传统的项目管理模式难以对其进行全过程控制及精细化管理。在项目初期，项目管理团队积极引入 BIM 技术及工程项目管理平台，明确组织架构、BIM 应用目标、工作流程及质量控制体系等，为项目的顺利开展提供了保障。

（1）组织架构：项目部成立了由项目经理任 BIM 工作组组长的组织架构，下设两名副组长，分别总负责 BIM 技术应用及 BIM 技术支撑工作，组织架构如图 4-1 所示。

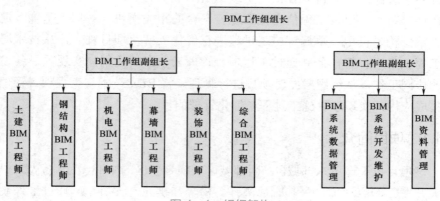

图 4-1　组织架构

（2）BIM 应用目标：BIM 的重点应用目标（图 4-2）主要为深化设计、施工模拟、施工过程辅助，以此来对项目难点进行有效管理，提高项目管理工作的效能。

（3）BIM 工作流程：BIM 工作流程是对项目传统管理流程的再造，与工程项目管理云平台集成使用，保证了 BIM 工作的顺利开展。根据 BIM 应用目标，确定了 BIM 基础模型创建流程（图 4-3）及 BIM 应用流程。

（4）质量控制体系：通过企业 BIM 标准、各专业模型质量控制流程、定期例会、奖惩措施等多种形式，保障了 BIM 应用的顺利进行。

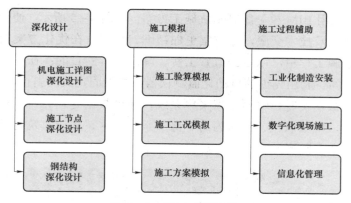

图 4-2　BIM 应用目标

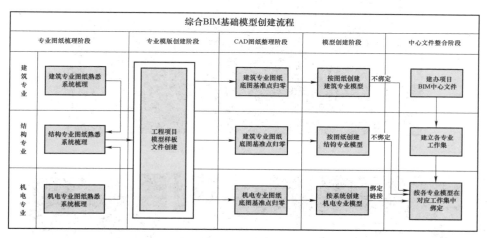

图 4-3　BIM 基础模型创建流程

4.1.3　BIM 技术应用

1. 基坑工程

该工程场地属于人工填海造地，大面积存在深厚淤泥夹层，基坑开挖面积达 17 万 m^2，土方工程量为 210 万 m^3，开挖深度约 12m（局部 24m）。支护结构采用灌注桩 + 预应力锚索支护，锚索设计长度为 30～45m，采用 3～6 束 $f_{pyk}=1860MPa$ 高强度低松弛钢绞线，入射角度 35°，端部采用扩大头设计，锚索有许多交叉区域需要协调，如图 4-4 所示。

通过创建包括冠梁、拉梁、支护桩和锚索在内的基坑 BIM 模型，识别图纸错漏碰缺等问题及施工重点难点。通过与设计人员及时沟通，修正设计、增加施工措施、变更施工顺序等方式，提前解决设计问题，避免后期窝工、返工现象；利用 BIM 模型编制基坑施工方案，如图 4-5 所示，便于技术人员进行方案比选及技术交底，令方案更加精细、可靠；在优化方案的过程中，综合统计措施工程量，以达到节省工费、降低造价的目的；在基坑开挖及地下室施工期间，利用先进的自动化监测仪器，如测固定式测斜仪、轴力计等，将现场监测数据实时传输至数据采集系统，通过数据处理分析，对坡顶水平及竖向位移、地下水位、锚索内力、深层水平位移、周边建筑物及地表竖向位移等进行全面监测，保障施工安全。

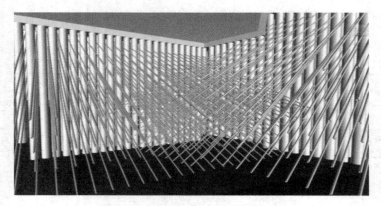

图 4-4　锚索交叉区域协调

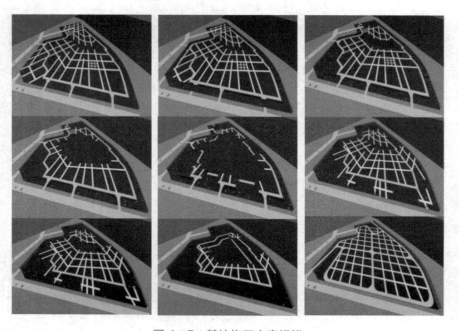

图 4-5　基坑施工方案模拟

2. 核心筒混凝土施工

塔楼核心筒结构形式复杂，筒体形状随高度不断变化，如图 4-6 所示，核心筒塔吊、爬模、钢柱及钢筋之间工序安排是否合理，直接影响塔楼主体结构的施工进度。核心筒内大量采用劲性混凝土，节点施工难度大。

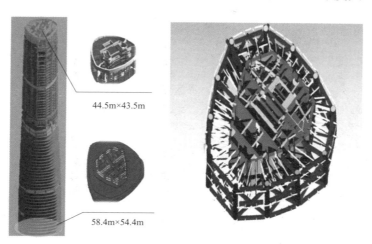

44.5m×43.5m

58.4m×54.4m

图 4-6　塔楼核心筒结构模型

利用 BIM 技术，基于结构模型、塔吊模型、爬模体系模型，解决爬模架与钢梁的预埋板、塔吊埋件、洞口等位置冲突；运用 BIM 钢筋节点模型，对劲性混凝土钢筋节点进行优化设计，如图 4-7 所示，实现在密集钢柱栓钉影响下框架柱的钢筋顺利绑扎，确保框架梁的主筋通过钢骨柱时柱端部抗剪力不受影响；基于 BIM 技术三维可视化的特点，确定爬模方案并对核心筒施工

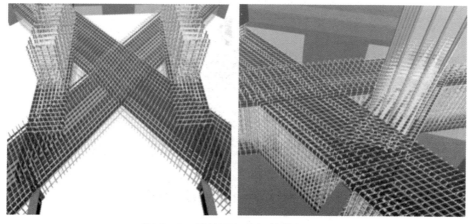

图 4-7　劲性混凝土钢筋节点深化

阶段整个结构体系进行了受力分析，如图 4-8 所示，确保爬模稳定性、安全性；通过对整个爬模体系（图 4-9）各个施工工况进行模拟，调整各工序的施工时间，优化工期进度；在爬模加工阶段，通过 BIM 导出加工图及可视化模型，指导现场人员制作安装。

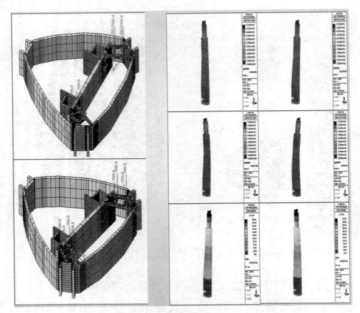

图 4-8　核心筒受力分析

图 4-9　爬模体系

3. 塔楼钢结构深化

该项目塔楼钢结构质量为 15 000t，钢结构设计量巨大，节点众多，而且由于建筑造型新颖，构件多采用箱形截面，空间位置特殊，横平竖直的杆件较少，节点设计较为复杂。

在钢结构设计中，采用选用节点设计与深化设计相结合的方法，利用 BIM 软件创建钢结构模型并进行深化设计，如图 4-10 所示，并对各节点进行三维放样及有限元分析，如图 4-11 所示。利用 BIM 软件自动出图功能导出节点加工图、三维轴测图、工程量清单等，作为生产加工、现场安装及预结算的依据；根据初步钢结构吊装方案进行安装动态模拟，如图 4-12 所示，重点对钢结构安装过程中的工序及施工措施进行模拟，经过专家评审后对方案中的工序及措施进行明确或优化；根据模拟对整个钢结构进行分段设计，确定吊装构件的分段方案，并利用模拟动画和方案对施工队伍进行交底。安装完成后，对现场钢结构实际情况进行 3D 扫描，形成 3D 扫描实体模型，如图 4-13 所示。与 BIM 设计模型进行比对，复核安装结果并为下道工序提供实际数据。

图 4-10　塔楼钢结构模型

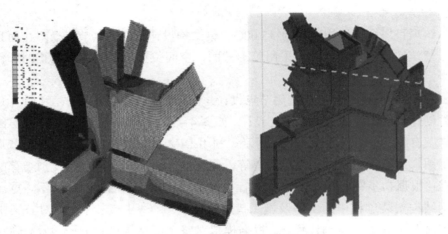

图 4-11　钢结构节点深化

图 4-12　钢结构吊装方案模拟

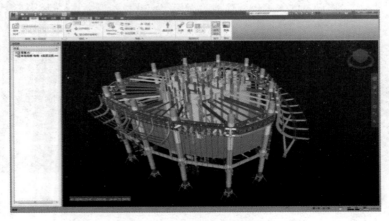

图 4-13　钢结构三维扫描

4. 塔楼机电深化设计

塔楼机电工程主要包括给水排水、通风空调、电气、消防、智能化等系统。基于 BIM 机电模型,检查各个专业之间碰撞、设计不合理、净空要求等问题并进行优化,如图 4-14 所示。优化布置时,侧重考虑施工的先后顺序,安装操作距离,支、拖、吊架空间、检修余地;优化完成后,利用鸿业软件对各系统进行负荷验算,保证管线参数满足功能要求,预先核算、计算、合理选用综合支吊架,并生成包括平面图、剖面图、节点详图、支架图等的机电施工详图;出具风管预制加工详图,将大部分风管制作工作转移至预制厂内,减少现场风管施工工作量,提高风管质量,保证工期;对于冷冻机房、泵房等设备用房的配管进行工厂化预制,将施工所需的管材、壁厚、类型等一些真实参数输入到模型中,经过协调,导出预制加工图,如图 4-15 所示,辅助管道预制加工。利用 BIM 技术对每层的土建、机电工程量进行详细统计,综合考虑施工节点计划,确定现场 11 台垂直运输电梯所负责楼层和使用功能,保障现场施工材料有序运送。

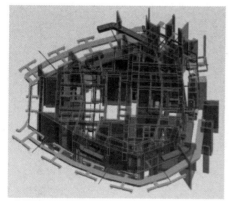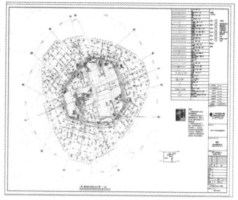

图 4-14　机电管线深化设计

5. 塔楼幕墙深化

该项目幕墙外立面为非标准双曲体,外立面结构与主体结构连接部位较多,传统的二维软件已经无法满足该幕墙的方案设计、放线定位和材料下单的要求。通过采用 BIM 技术进行整体幕墙模型的创建,如图 4-16 所示,进行幕墙板块、表皮划分等一系列幕墙深化工作,如图 4-17 所示,并对现场实际施工情况进行测量,根据测量反馈调整幕墙模型,实施下料制作,指导现场施工。

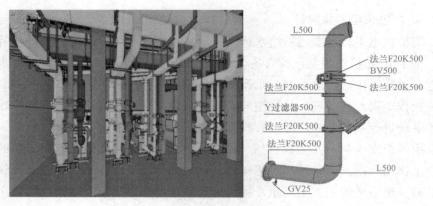

图 4-15　配管预制加工

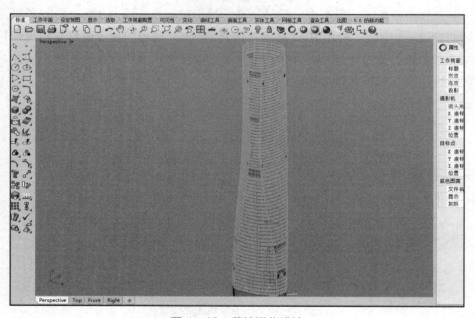

图 4-16　幕墙深化设计

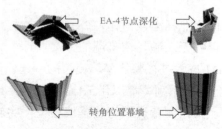

图 4-17　幕墙节点深化

4.1.4　工程项目信息化管理云平台应用

　　基于企业自主研发的工程项目管理云平台，在项目实施策划期间确定平台搭设架构、参与人员信息及权限、项目文件流转流程、模型审核方式等，实现项目各参与方协同工作，辅助项目信息化管理。利用文档管理模块，对机房模型、节点模型、土建模型、族库等大量 BIM 模型数据进行协调统一管理，如图 4-18 所示。基于 WebGL+JavaScript 技术的模型审阅模块，支持 Autodesk Revit 等多种主流软件的数据对接，实现各专业模型在线浏览、多方审阅，如图 4-19 所示，降低了项目 BIM 应用的软硬件费用，减少了会审及交底时间。通过在平台中创建各种施工文档流转及批复流程，减少纸质文档使用及文档流转时间；通过及时、准确地调用数据库中的相关数据，加快项目决策进度、提高决策质量，从而提高项目质量，降低项目成本。

图 4-18　工程项目信息化管理云平台模型管理

图 4-19　模型在线浏览及审阅

4.2　市政类项目实施案例

随着近年互联网技术和数字技术的发展，BIM 技术越来越为大众所熟知，也涌现出各类工程的大量优秀应用案例，而 BIM 技术在地下立交市政工程中的应用发展却较为缓慢。该项目以深圳市前海市政工程 I 标段项目为载体进行了 BIM 技术的研究探索。通过深化设计、重点难点施工方案模拟、主控材料工程量统计、成本管理、数字化施工、项目信息化管理等方面的深入研究，有效解决了项目基坑深度大、支护形式多、施工环境复杂、隧道裂缝控制及防水控制难度大等多项难题，实现了施工现场的精细化管理。

4.2.1　项目简介

深圳市前海市政工程 I 标段项目位于深圳前海深港合作区，地处珠三角区域经济发展主轴和沿海功能拓展带的十字交汇处，毗邻香港、澳门。本工程为新建市政道路，道路总长 1.7km（包含海滨大道段及地下通道），地上道路为双向六车道，地下道路为双向四车道加集散车道。项目包含道路工程（含地面道路与地下道路、地基处理），隧道工程（含隧道内通风、照明、消防、排水），给水排水管道工程，电气工程，燃气工程，配电室及泵站，景观工程，交通工程。工程形式为明挖式隧道，包含 1 座地下半互通式立交。

4.2.2　BIM 实施策划

该项目为地下市政类项目，具有基坑深度大、支护形式多、施工环境复杂、交通协调困难、超长线性隧道裂缝控制及防水控制难度大、项目管理工作较难控制等多项难题，传统的项目管理模式难以对其进行全过程控制及精细化管理。在项目初期，项目管理团队积极引入 BIM 技术，通过对其重点难点进行项目分析，明确 BIM 应用目标、组织架构、应用流程及质量控制体系等，为项目的顺利开展提供了技术保障。

1. 应用目标

复杂节点及专业深化设计；重点难点施工方案模拟；主控材料工程量统计及成本管理；数字化施工和项目信息化管理。

2. 组织架构

项目部成立了由项目经理任 BIM 总指挥、施工经理负责 BIM 具体实施、下设 BIM 技术总监、BIM 总经济师的完善组织架构，如图 4−20 所示。

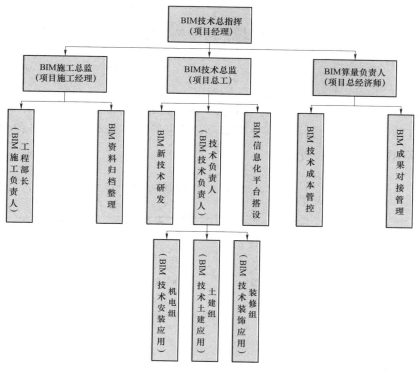

图 4−20　项目 BIM 组织架构

3. 应用流程

BIM 工作流程是对项目传统管理流程的再造，是 BIM 工作顺利开展的基本保障。根据 BIM 应用目标，确定了 BIM 技术在设计沿用、基础应用和拓展应用之间的具体应用流程，如图 4-21 所示。

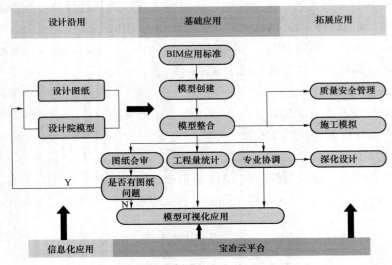

图 4-21　项目 BIM 应用流程

4. 质量控制体系

BIM 技术质量控制是其辅助工程项目顺利进行的保障措施。该项目通过标准（图 4-22）、质量核查、定期例会、奖惩措施（图 4-23）等多种形式，保障了 BIM 应用的顺利进行。

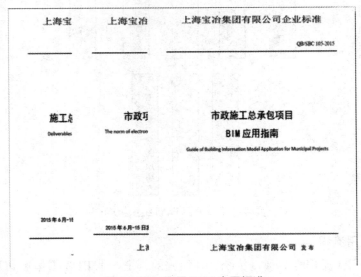

图 4-22　项目 BIM 应用标准

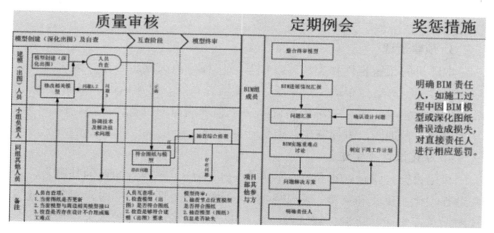

图 4-23　项目质量控制体系

4.2.3　基于模型基础应用

BIM 技术作为辅助项目管理、配合施工的技术手段，在本工程中发挥了其应有的价值，具体体现在：基于 BIM 模型进行复杂节点的技术交底，并辅助施工方案的编制；通过核查模型，发现一些设计上的不合理之处并提出修改意见，指导施工，提高施工的效率；利用 BIM 技术，进行一些复杂节点的深化设计等。

1. 图纸审核

施工图纸是工程项目建设的依托与根本，一些环节的重点施工和整个施工所需要的费用都是建立在施工设计图纸的基础上，所以施工图纸是否合理很重要，对工程本身的质量、经济效益等，起到至关重要的作用。

由于该项目主体结构形式复杂，不同于传统的工民建项目，一些设计上的不合理之处难以发现，比如加腋尺寸不一致，导致施工困难且不美观；侧墙倒角结构外围对接不上，防水卷材无法施工；管廊沟标高不一致等。基于三维模型进行图纸审核，能够发现设计的不合理之处，并提出有针对性的修改意见与解决方法。

2. 模型整合与协调

不同专业、不同分项工程之间可能出现相互冲突等现象，利用模型整合各个专业或分项工程，协调其冲突位置，合理优化。

本项目模型整合与协调主要针对主体结构和支护结构，如 9 号线共构段处与支护结构格构立柱的碰撞检查，换撑钢支撑与碗扣式脚手架立杆的冲突检查等。

3. 预留预埋

本项目的预留预埋种类繁多，如紧急广播、消火栓组合箱、灭火器箱、泡沫喷雾控制阀组、车道控制系统、交通监控系统、射流风机、车辆检测器、卷帘门控制箱等，基于三维模型确定各个预埋洞口的位置、大小、标高等，并生成预留预埋图，方便施工，避免后期打洞。

4. 深化设计（土建）

深化设计是指承包单位在建设单位提供的施工图或合同图的基础上，对其进行细化、优化和完善，形成各专业的详细施工图纸。同时，对各专业设计图纸进行集成、协调、修订与校核，以满足现场施工及管理需要的过程。深化设计作为设计的重要分支，补充和完善了方案设计的不足，有力地解决了方案设计与现场施工的诸多冲突，充分保障了方案设计的效果体现。

例如，本项目中关于主体结构段的防水做法，设计院提供了基本的原则，并没有具体的详细做法、布置方案等，需施工单位自行设计，出具防水施工方案。而且，防水做法中，止水带的布置属于三维空间体系，标高变化抽象，布置位置多变，传统方法实施较为困难。根据防水做法的基本原则，利用 BIM 技术进行防水做法、止水带布置的深化设计，如图 4-24 中匝道并入主线时的防水大样深化，确定止水带空间位置关系、空间形状、布置位置等，保证设计的合理性与可操作性。

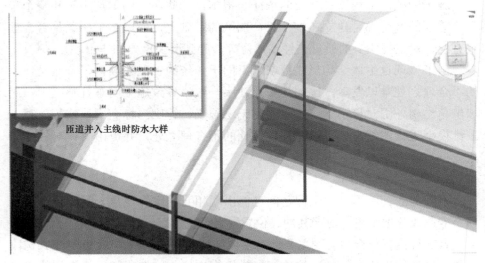

图 4-24　匝道并入主线时防水大样深化

相邻主体结构段底板接缝处有高度差，需在其下做错台和枕梁，其空间结构复杂，图纸未能明确表达其空间位置及空间形状等，导致施工人员无从下手，需利用 BIM 技术进行深化设计，如图 4-25 所示，确定其物理特征和空间位置关系并指导现场施工。

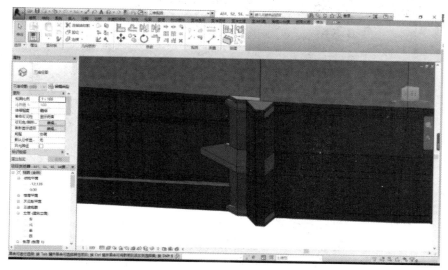

图 4-25　错台深化

5. 施工方案优化

施工方案对于施工的重要性不言而喻，施工方案是否合理直接影响施工质量。合理的施工方案是工程项目施工质量管理的指南，对工程项目的经济效益也具有重大影响。

对于本项目具体应用体现在编制换撑方案时，根据项目部初始方案创建初始方案模型，基于模型调整方案中一些不合理之处。如编制换撑方案时，判断换撑钢支撑尺寸、间距、标高等是否合理，并确定其位置是否与碗扣式脚手架立杆冲突，与混凝土撑的位置关系是否合理，是否能满足支撑侧压力要求等，调整优化，如图 4-26 所示，直到形成能满足施工要求、高质量的施工方案。编制滨海大道深基坑专项方案时，利用 BIM 技术，模拟土方开挖顺序，判断其合理性，确定是否满足相关要求，与综合管廊处土方开挖是否冲突以及如何协调等。由于该项目处于地下人行、车行、地铁等交叉位置施工，对交通疏导影响较大，利用 BIM 技术辅助交通疏解方案的编制，进行车流、人流的仿真模拟分析，保证交通疏解方案的合理性，有效减少对周边交通环境的影响。

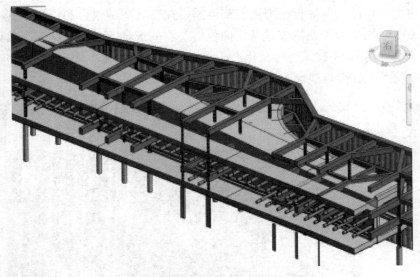

图 4－26　换撑方案优化

6. 复杂节点细部做法技术交底

技术交底，是在某一单位工程开工前或一个分项工程施工前，由相关专业技术人员向参与施工的人员进行技术性交代，其目的是使施工人员对工程特点、技术质量要求、施工方法与措施、施工安全等有一个详细的了解，以便科学组织施工，避免技术质量等事故的发生。

传统的技术交底有一定的局限性，可能存在表达不明确、施工人员没有完全理解甚至理解偏差，导致施工人员无法按照项目的正确意图进行施工，从而造成工程质量隐患或返工等情况。

利用 BIM 技术进行技术交底可避免此现象的发生，对于本项目主要应用体现于：

（1）模板布置方案交底；

（2）脚手架布置方案交底；

（3）止水带布置方案交底；

（4）错台、枕梁等细部做法交底；

（5）格构柱处防水细部做法交底；

（6）格构柱处钢筋做法交底；

（7）主线结构段加腋做法交底等。

7. 施工模拟

利用 BIM 技术进行施工模拟可直观表达某一节点或施工方案的施工工

序，发现施工中的不足，并加以修改与优化，提高其可行性。本项目通过对格构柱处防水细部做法进行施工工序模拟，明确了防水做法的具体操作步骤；通过对基坑开挖及支护方案进行模拟，如图 4-27 所示，保证了施工的有序进行。

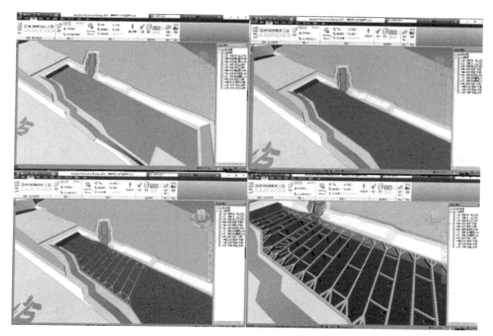

图 4-27　基坑开挖及支护方案模拟

4.2.4　BIM 辅助项目过程管理

该工程利用 BIM 技术在宏观角度统筹项目管理工作。

1. 进度管理

在进度控制方面，将施工进度计划与施工模型链接关联生成进度管理模型，准确表达构件的几何信息、施工工序、施工工艺、安装信息及时间进度等，如图 4-28 所示。基于施工进度模型可以识别目标进度计划的潜在问题，优化调整目标计划、合理组织施工。基于施工进度模型对比分析实际进度与目标进度偏差的原因，更新调整后期工序，以保证目标工期的实现。

2. 质量管理

在质量管理方面，通过建立质量管理模型并将验收的部分与验收资料相关联，如图 4-29 所示，直观地反映工程进度和质量验收结果。以质量模型为纽带，增强信息流转，提升质量管理效率，保证项目质量信息的完整性。

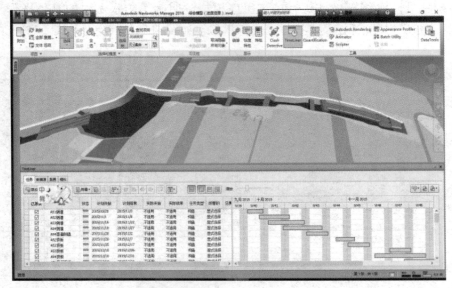

图 4-28　施工进度管理

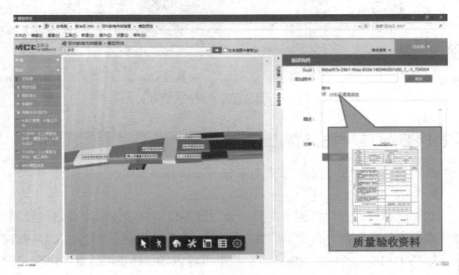

图 4-29　质量模型与验收资料关联

3. 安全管理

在安全管理方面，采用信息化的基坑监测平台，基于移动互联技术实现现场监测数据的自动收集，如图 4-30 所示，并通过无线传输技术发送至数据中心，数据中心对数据进行记录计算，实时反映监测结果，保证了基坑的可靠性与安全性。

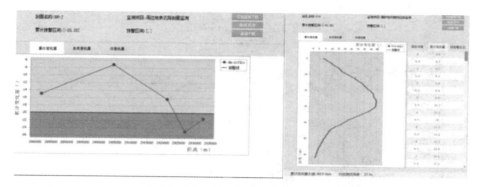

图 4-30　基坑监测平台监测曲线

4. 成本管理

在成本管理方面，对混凝土、钢筋、模架等主要材料用量进行精细化管理，通过对其分时分段统计，如图 4-31 所示，实现了过程用量的精确控制，实现精确下料与采购。

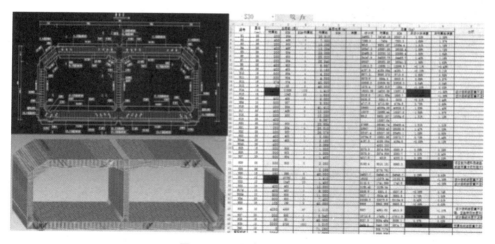

图 4-31　钢筋用量统计

5. 信息化管理

本项目中，采用了工程项目信息化管理平台来实现项目的信息化管理，利用其内置的文档管理、图纸管理、流程管理、沟通管理、BIM 协作等模块统筹规划整个项目，实现图纸的规范化管理、模型的在线审阅（图 4-32）、流程的信息化追踪、项目过程资料归档整理以及项目各部门的高效协作，以保证项目实施过程的顺利进行。

图 4-32 工程项目管理云平台模型审阅

4.2.5 BIM 应用效益

前海市政工程 BIM 技术的应用大大提高了项目施工效率与管理水平，具体体现在：

（1）经济效益：本项目 BIM 技术应用于设计、施工阶段，并为运行维护提供了准确的数据支持，大大提高了项目效益。通过方案模拟、深化设计、进度管理等应用，避免了设计错误、施工返工及工期延误，有效地实现项目成本控制。

（2）社会效益：本项目 BIM 技术的应用，开创了地下市政工程全生命周期 BIM 应用的先河，通过开放的平台实现信息共享与协同工作，为后续同类工程提供了全建设周期的信息数据支持。

（3）环境效益：本项目的设计节约了大量的土地资源，节约利用了地下空间资源，改观了城市环境。利用 BIM 技术实现了绿色建造，通过多种分析手段优化方案，解决矛盾，使城市建造更加和谐。

4.3　装配式项目实施案例

装配式建筑因其施工周期短、受自然环境影响较小、节约劳动力并具有高质量等特点，成为当今建筑业广泛应用的一种建筑模式。传统的预制装配式建筑工程项目各建设阶段相分离，易造成工程变更和浪费，产品单一而不能满足不同客户的不同需求。BIM 技术将设计方案、制造需求、安装需求集于一体，在实际建造前统筹考虑设计、制造、安装的各种要求，避免在实际制造、安装过程中可能产生的问题。

　　该案例以上海市罗店大型居住社区项目为例，建立 BIM 技术在预制装配式住宅中的应用流程，利用 BIM 技术进行深化设计并优化 PC 构件模型。采用 BIM 先进质量技术方法和管理经验，降低信息传递过程中的衰减，提高施工质量，同时加强施工过程中的安全管理，实现信息传递的准确性和时效性，减少施工现场可能存在的错误和返工，为后续装配式建筑 BIM 技术应用提供了切实可行的参考。

4.3.1　项目概况

　　本项目用地面积 41 622.8m²，总建筑面积 104 612.77m²，建筑占地面积 6719.01m²。根据建设单位安排并得到政府主管部门的支持，该地块 3 号、6 号楼采用预制装配整体式住宅技术体系。3 号、6 号楼为 18 层高层住宅，结构形式为剪力墙结构（一层标高以上部分为预制剪力墙结构）；预制构件种类共八种：剪力墙、外墙板、阳台、空调板、阳台隔板、空调隔板、女儿墙、楼梯梯段。墙体、楼梯预制范围为 1～18 层；阳台板、空调板、阳台隔板及空调隔板预制范围为 2～18 层；预制率达 20.6%。

4.3.2　深化设计

　　该项目构件、构件与现浇部分的碰撞检查需要精细到钢筋级别，传统的二维平面设计方法几乎无法完成。该项目 PC 部分深化设计由具有丰富实践经验的 BIM 团队完成，通过三维建模、三维整合、协调例会等，完成设计优化。

1. 设计流程

　　根据该项目特征，对 BIM 团队深化设计提出具体要求及目标，解决设计过程中预制构件内部（主要包含钢筋、预埋管线、预埋接线盒、预埋螺栓套筒、预埋钢筋套筒）之间的碰撞、预制构件与现浇部分预埋固定件之间的偏差、预制构件安装的可行性等问题，为构件工厂化生产、构件现场安装创造良好的基础。PC 深化设计流程详见图 4-33。

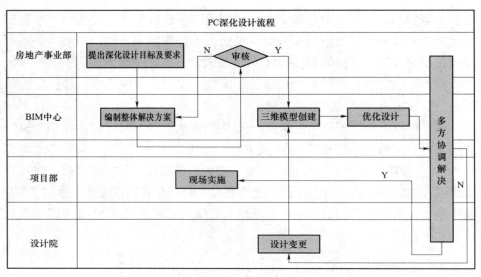

图 4-33 PC 深化设计流程图

2. 软件选用

该部分深化设计模型创建主要包括预制部分混凝土、钢筋、预埋件、机电预埋、相关措施构件（楼板斜撑、进出调节组件、操作平台、钢筋定位槽钢、2cm 厚度控制垫块等）。

本项目具有现浇部分钢筋工作量大、定位精确，预制构件形状复杂、钢筋种类繁多以及施工工序模拟精度高等特点，选用合适的软件对其进行模型创建至关重要。本项目选用的软件以及针对模型部分见表 4-1。

表 4-1　　　　　　　　　　本项目选用建模软件汇总表

序号	软件名称	内　容	适用本项目
1	Tekla Structures	基于 BIM 的设计软件，包含 3D 钢结构细部设计、3D 钢筋混凝土设计、项目管理等模块	现浇钢筋混凝土部分模型创建
2	Autodesk Revit	专为建筑信息模型而构件的 BIM 设计软件	装配式构件、相关措施构件的模型创建
3	Autodesk Navisworks	设计数据与来自其他设计工具的几何图形和信息组合；并提供了一整套的全面审阅解决方案	进行相关模型、数据的整合
4	Synchro Professional™	将 BIM 模型与 CPM 计划任务相关联，允许用户进行施工模拟、播放施工动画和发布视频	装配式住宅安装施工模拟，对施工的可行性、进度的合理性进行优化及技术交底

3. 深化设计模型创建

采用 Tekla Structures 根据设计图纸对现浇部分的钢筋混凝土模型进行创建，如图 4-34 所示，包含混凝土暗柱、楼板、梁及所对应的钢筋及构造筋，各构件包含材质、型号及精确的定位信息。

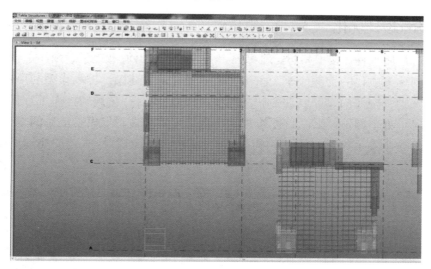

图 4-34　钢筋混凝土现浇部分的模型创建

采用 Autodesk Revit 根据设计图纸对预制部分的模型进行创建（图 4-35），主要利用其自有的异形构件创建功能以及参数化功能，其中构件混凝土、构

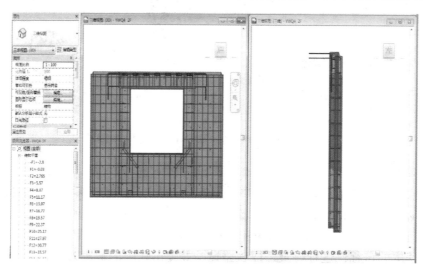

图 4-35　Autodesk Revit YWQ1 构件模型

件内部带肋钢筋用等直径等级别的光圆钢筋代替、预埋套筒均采用内建模型的形式完成，预埋接线盒及线管采用软件自带的 MEP 功能完成。结合设计图纸的导入对预制构件进行模块化设计并形成 PC 零件库，大大提高了建模效率及准确度。

4.3.3　设计优化

对措施构件（楼板斜撑、斜撑固定预埋件、进出调节组件、操作平台等），通过创建参数化的构件族库（图 4-36），避免重复建模，提高模型利用效率。为确保预制构件的设计合理性和准确性，BIM 团队针对预制构件进行优化设计。对于单个构件，采用目视检查，在使用导航软件确保模型准确的基础上，对构件的主体、钢筋、预埋件的排布、构造合理性进行检查，并在遵循设计意图的情况下提出相应的优化方案。

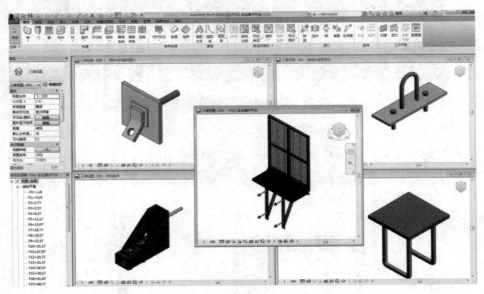

图 4-36　Autodesk Revit 措施构件模型

对于多个构件或整个项目，通过 Revit 的碰撞检查功能，在预制构件之间、预制构件与主体结构之间生成碰撞检查报告，并利用 Revit 实测功能以及多视图联动性，提出相应的碰撞协调方案。碰撞检查如图 4-37 所示。

完成单个构件内部及项目整体的硬碰撞之后，基于整合完成的模型对安装过程中的可行性进行检查，即软碰撞，并提出相应的解决方案。

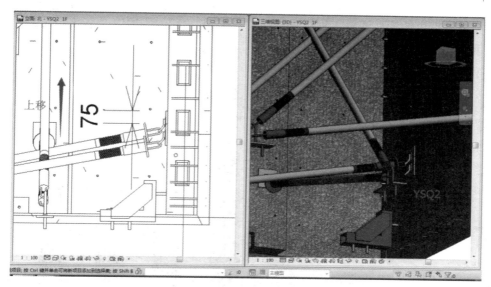

图 4-37　相邻构件斜撑碰撞

4.3.4　构件招标

　　基于完成的构件及措施模型对 PC 部分所包含的所有材料用量进行精确的工程量统计，指导房地产事业部招标工作。基于 Revit 明细表功能对构件所包含的混凝土、钢筋、各种规格预埋套筒及构件所对应的措施构件数量进行工程量统计，考虑措施构件的使用周转周期，进行适当的折减。预制构件汇总见表 4-2。

表 4-2　　　　上海罗店大型居住社区 C10 地块项目 PC 构件数量表

构件名称/单体号	3 号	6 号	小计	备　注
PC 外墙板/m³	993.7	993.7	1987.4	墙体构件：PC 女儿墙 53.4，PC 阳台实体墙 144
PC 阳台/空调板/m³	101.18	101.18	202.36	
PC 楼梯/m³	40.88	40.88	81.76	
CT2 套筒/套	1692	1692	3384	
线盒/个	50	50	100	
线管/m	50	50	100	

　　在装配式住宅构件生产招标阶段，如果单层构件某一项出现偏差，累计至屋顶女儿墙会产生比较大的误差，造成不必要量的亏损。所以，通过对招

标单位提供的构件清单工程量进行核对（图 4－38），为房地产事业部提供了可靠、准确的工程量依据。

埋件核对统计															
						埋件									
板型	型号	方量	楼栋号	数量	总方量	对拉螺杆 M12 螺栓套筒 L=50 S=25		斜撑 M16 螺栓套筒 L=100 S=40 D=10		底部固定 M20 螺栓套筒 L=80 S=35 D=10		吊点 M20 螺栓套筒 L=200 S=40 D=10		接驳器 M12 螺栓套筒 L=50 S=25	
						招标	中冶	招标	中冶	招标	中冶	招标	中冶	招标	中冶
预制外墙板	YWQ1	0.97		36	34.92	24	24	4	4	2	2	4	4	2	2
	YWQ1a	0.97		36	34.92	24	24	4	4	2	2	4	4	2	2
	YWQ2	1.15		36	41.4	24	24	4	4	2	2	4	4	2	2
	YWQ2a	1.15		36	41.4	24	24	4	4	2	2	4	4	2	2
	YWQ3	0.73		36	26.28	36	36	4	4	2	2	4	4	2	2
	YWQ3a	0.73		36	26.28	36	36	4	4	2	2	4	4	2	2
	YWQ4	1.28		272	348.16	36	36	4	4	2	2	4	4	2	2
	YWQ4a	1.26		16	20.16	36	36	4	4	2	2	4	4	2	2
	YWQ5	0.63		36	22.68	36	36	4	4	2	2	4	4	2	2
	YWQ5a	0.63		36	22.68	36	36	4	4	2	2	4	4	2	2
预制剪力墙	YSQ1	0.74		36	26.64	24	24	4	4	2	2	4	4	2	2
	YSQ1a	0.74		36	26.64	24	24	4	4	2	2	4	4	2	2
	YSQ2	2.11		72	151.92	[illegible]	30	4	4	2	2	6	4	2	2
	YSQ2a	2.11		72	151.92	30	30	4	4	2	2	6	4	2	2
	YSQ2b	2.12		72	152.64	30	30	4	4	2	2	6	4	2	2
	YSQ2c	2.12		72	152.64	30	30	[illegible]	4	2	2	6	4	2	2
	YSQ3	0.92		144	132.48	24	24	4	4	2	2	4	4	2	2
	YSQ3a	0.92		144	132.48	24	24	4	4	2	2	5	4	2	2
	YNQ1	0.55		2	1.1	16	16	4	4	2	2	4	4	6	6
	YNQ1a	0.55		2	1.1	16	16	4	4	2	2	4	4	6	6
	YNQ2	0.4		2	0.8	16	16	[illegible]	4	2	2	6	4	[illegible]	6
	YNQ2a	0.4		2	0.8	16	16	4	4	2	2	4	4	4	6
	YNQ3	0.3		2	0.6	16	16	4	4	2	2	4	4	7	5
	YNQ3a	0.3		2	0.6	9	16	4	4	2	2		4	[illegible]	5

图 4－38　预制构件招标核对表

4.3.5　前期技术准备

在施工准备阶段，基于三维可视化模型对设备选型与布置、构件安装的可行性及重难点工序进行进一步的讨论研究。对安装的方案进行施工模拟，评估其可行性。

根据上述所计算的构件工程量清单，对构件质量进行预估。其中，该构件质量未考虑构件内部预埋件质量、未扣除预埋件所占体积，质量取混凝土与钢筋质量之和(混凝土表观密度取 2500kg/m^3，钢筋表观密度取 7850kg/m^3)。预制构件质量清单如图 4－39 所示。

根据构件质量、建筑高度、塔吊性能、汽车吊性能等进行塔机械设备布置及选型。本项目选用 TC7035 型塔吊，基本满足 3 号、6 号楼预制构件和施工材料的吊装、运输需求。而针对构件进场之后的紧急卸车倒运，目前按照叠拼最重 3.5t 计算，最大起重半径一般在 12m，如选用 QY50 汽车吊，26m 主臂起重达 3.8t，满足本项目要求。

		对拉螺杆	斜撑	底部固定	吊点	套筒
YSQ1	重量/kg			1894.0338		
	混凝土体积/m³			0.7260471		
	预埋件种类	对拉螺杆	斜撑	底部固定	吊点	套筒
	预埋件信息	M12 L=50, S=25	M16 L=100, S=40, D=10	M20 L=80, S=35, D=10	M20 L=200, S=40, D=10	D20 波纹钢套管
	预埋件数量	24	4	2	4	3
	钢筋种类			III级钢		
	钢筋体积/m³			0.010053		
	钢筋重量/kg			78.91605		
	线盒数量			1		
	线管长度/mm			300		
YSQ2	重量/kg			5430.745525		
	混凝土体积/m³			2.0970748		
	预埋件种类	对拉螺杆	斜撑	底部固定	吊点	套筒
	预埋件信息	M12 L=50, S=25	M16 L=100, S=40, D=10	M20 L=80, S=35, D=10	M20 L=200, S=40, D=10	D20 波纹钢套管
	预埋件数量	24	4	2	4	8
	钢筋种类			III级钢		
	钢筋体积/m³			0.0239565		
	钢筋重量/kg			188.058525		
	线盒数量			3		
	线管长度/mm			1900		
YSQ3	重量/kg			2348.76407		
	混凝土体积/m³			0.9025001		
	预埋件种类	对拉螺杆	斜撑	底部固定	吊点	套筒
	预埋件信息	M12 L=50, S=25	M16 L=100, S=40, D=10	M20 L=80, S=35, D=10	M20 L=200, S=40, D=10	D20 波纹钢套管
	预埋件数量	24	4	2	4	3
	钢筋种类			III级钢		
	钢筋体积/m³			0.0117852		
	钢筋重量/kg			92.51382		
	线盒数量			2		
	线管长度/mm			600		
YWQ1	重量/kg			2595.669075		
	混凝土体积/m³					
	预埋件种类	对拉螺杆	斜撑	底部固定	吊点	套筒
	预埋件信息	M12 L=50, S=25	M16 L=100, S=40, D=10	M20 L=80, S=35, D=10	M20 L=200, S=40, D=10	III级12接驳器
	预埋件数量					
	钢筋种类			III级钢		
	钢筋体积/m³					
	钢筋重量/kg					
	线盒数量			1		
	线管长度/mm					

图 4-39　预制构件质量清单

4.3.6　现场管理

BIM 技术贯穿了 PC 深化设计、生产、建造环节，故可基于此建立相应的管理系统对项目进行现场管理。利用 BIM 技术，基于 Synchro Professional 将进度计划导入并与各道施工工序模型进行关联，对施工方案进行可视化模拟，通过施工模拟预先判定施工过程中的重点难点，优化施工工序。

4.4　钢结构类项目实施案例

BIM 技术在钢结构设计及施工中应用相对较早，对于钢结构施工企业而言，模型的应用主要集中在深化设计、加工制作、运输、安装等方面。该案例以广州白云机场二号航站楼钢结构施工为例进行介绍。该项目屋盖采用双向曲面双层拱壳结构，规模超大，深化设计、施工及配合的难度非常大。在项目管理过程中，采用了 BIM 技术，从施工方案比选、深化设计、施工仿真模拟、施工辅助、算量和变更管理五个方面进行了策划应用。通过编制空间网格结构建模出图软件，减少了建模出图人员数量，提高了深化设计效率。基于 BIM 模型，通过与计算软件的交互式操作实现了胎架的定制，不仅解决了楼板碰撞、杆件碰撞等一系列问题，还保证了措施的安全、可靠。通过构件追踪管理平台和三维扫描，实现了构件可视化的追踪与数字化的检测复核。通过 BIM 技术的应用，提升了管理效率和管理水平，在质量、安全、进度等各个方面均顺利完成了既定目标，可以为其他类似施工项目的 BIM 技术应用提供参考。

4.4.1 项目概况

广州白云国际机场是广州市的一座大型民用机场，是大型枢纽机场公共交通建筑，其中二号航站楼是以能满足 2020 年旅客吞吐量 4500 万人次的使用需求为目标，总建筑面积 62.3 万 m^2。该项目承包商承建广州白云机场二号航站楼的一标段钢结构，建筑面积 36 万 m^2，用钢量 1.2 万 t。分为航站楼主楼、安检区和北廊三个部分。本项目采用双向曲面双层拱壳结构，局部采用四层加强网壳。

在项目实施过程中，主要有以下几个难点：

（1）超大规模结构，主楼长约 650m，宽约 260m，13 万多根杆件，3.3 万多个节点，深化工期压力大。

（2）24 种杆件截面，8 类焊接球节点，3 种节点形式，深化设计要求高。

（3）加强网壳相交杆件 10 多根，杆件碰撞多；支托需垂直檩条方向，定位困难，深化设计难度大。

（4）地铁及城轨下穿航站楼，影响上部结构施工。吊装、滑移、提升等多种施工方案并存，施工及配合难度大。

（5）空间双向双层弯曲，节点定位困难，杆件查找繁琐，地面拼装及安装定位难度大，屋盖主要节点如图 4-40 所示。

4.4.2 BIM 实施策划

在项目初期，结合项目重难点进行了 BIM 技术应用策划，确定了 BIM 的重点应用目标为以下四个方面，即施工方案比选、深化设计、施工仿真分析、施工过程辅助，编制了 BIM 工作流程，如图 4-41 所示。

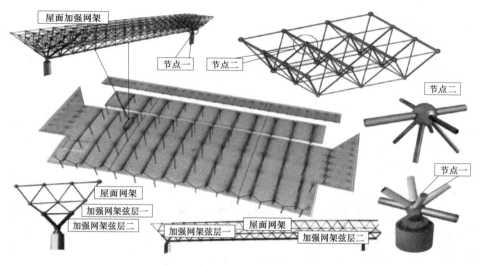

图 4-40　屋盖节点示意图

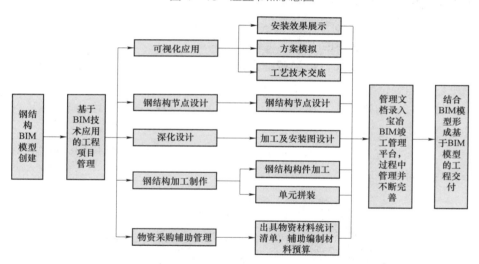

图 4-41　BIM 工作流程

4.4.3　BIM 技术在项目中的具体应用

1. 施工方案比选

根据 BIM 模型测算及现场土建提供的施工条件，部分地面无法行走大型吊机，通过比选，北廊 A/C 区采用地面拼装 + 分块吊装；B 区采用滑移的施工方法；安检区采用在三层楼面拼装，分块吊装的方法。主楼分为 10 个施工区，其中东一区和西一区采用满堂架散装配合分块吊装，南侧采用吊装加分块提升的施工方法。

2. 深化设计

BIM 应用的基础在于模型。目前，钢结构企业通用的 BIM 软件是 Tekla Strucures，它与其他的 BIM 软件有较好的接口。本项目的深化设计和施工方案紧密相关，深化设计之初，就要考虑到加工及施工后道工序模型应用的便利性。根据施工方案，将模型进行分区、分块，便于后面构件的管理。相比于常规项目的 Tekla 建模，本项目焊接球节点类型多、构造复杂，手工建模定位困难、效率低。12 000t 建模量，按照每人每月 200t 的工作量，总共需要 60人·月。

由此，该案例基于 Tekla 二次开发了建模软件，通过读取施工图纸上节点、杆件信息建立线模，再对节点进行自动深化，最终对所有构件进行自动出图，从而实现自动建模自动出图。整个项目总共 5 个人花费 2 个月的时间，大大减少了建模人员数量，提高了建模效率。

软件具有很强的通用性，可以用于其他焊接球节点或相贯节点空间网格结构的深化出图。软件的主要特点如下：

（1）根据设计要求，焊接球的焊缝需平行于网壳受力最大杆件平面，特别是四层加强位置，焊缝方位复杂，软件可以做到自动识别。

（2）自动创建节点，内外部加劲自动布置，杆件搭接处增加节点板，自动定位檩托、支托方向，如图 4-42 所示。

（3）根据施工方案，对模型分块，由构件位置制定编号规则，软件可以依据规则对构件自动编号，如图 4-43 所示。

（a）

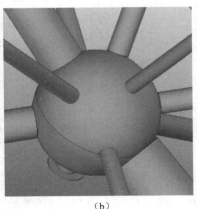
（b）

图 4-42　几种焊接球节点（一）

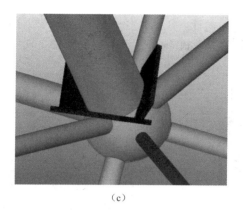
（c）

（d）

图 4-42　几种焊接球节点（二）

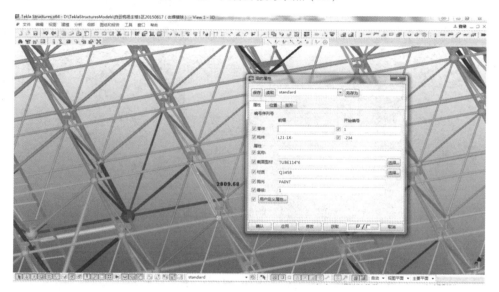

图 4-43　构件分区分块自动编号

3. 施工仿真模拟

施工仿真模拟是 BIM 技术应用的一个重要方面。本项目下穿城轨，对上部结构影响大，吊装、滑移、提升多种施工方法并存，现场的施工条件也非常复杂。

（1）在 BIM 模型中对每个提升胎架都进行放样，调整提升架的摆放方位，保证胎架不影响到网壳杆件的安装。同时，考虑下部混凝土结构受力，对混凝土结构承重进行验算加固。局部位置胎架的布置与下部混凝土楼板碰撞，通过设计胎架避免了与楼板的碰撞，同时将 Tekla 中的胎架模型导入到 Midas

软件进行计算分析，对胎架的截面进行设计，并且将 Tekla 中胎架的截面进行更新，实现了胎架的交互式设计，如图 4-44 所示。

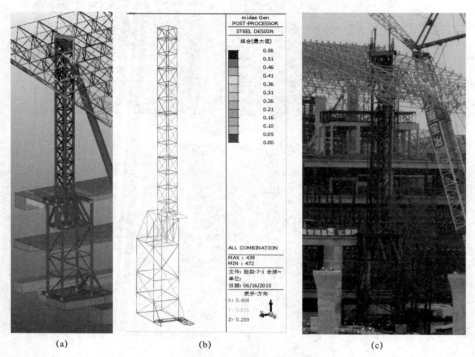

（a）　　　　　　　　　　　（b）　　　　　　　　　　　（c）

图 4-44　胎架的交互式设计
（a）Tekla 胎架放样；（b）胎架计算；（c）现场实体照片

（2）根据现场条件，根据提升千斤顶不同的摆放方位，设计了不同的提升架，并在 Tekla 中对每一个提升架进行放样，在计算软件中对提升架进行受力分析。同时，用 ANSYS 软件对提升架节点进行了有限元分析，并将计算得到的截面信息返回到 Tekla 模型中，既保证了提升支架可实施性的同时，也保证了提升架的安全性，如图 4-45 所示。

（3）除了施工措施的计算分析，还对提升方案、满堂架滑移方案、分块吊装方案都进行计算分析。通过将 BIM 模型导入到计算软件，对各种方案进行计算分析，将不满足的杆件重新设计，再将新的截面更新到 BIM 模型中，在加工过程中直接替换掉杆件截面，现场不需要对杆件重新加固。根据现场条件详细规划吊机行走路线，对混凝土楼面承载力进行验算分析，局部楼面承载力不足的位置进行了加固。

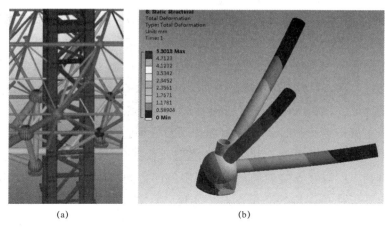

(a)   (b)

图 4 - 45   提升支架的交互式设计

（a）Tekla 提升架放样；（b）提升架计算

4. 施工过程辅助

空间网格结构在图纸中结构布置的表达主要靠节点三维坐标表体现，但这样的图纸对现场安装的用处不大，现场安装主要依靠 BIM 模型的运用。

网壳现场拼装的难点是焊接球的定位以及支托檩托的定位。常规项目都是现场技术人员直接使用 Tekla 模型确定构件、确定方位等辅助安装。Tekla 作为专业的 BIM 软件，对操作人员的要求较高，而且坐标查找不是很方便。将 BIM 模型导出到 AutoCAD 三维线模（图 4 - 46）后，模型包含了杆件、节

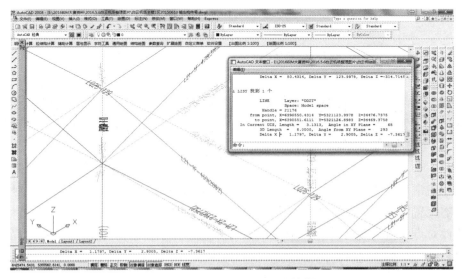

图 4 - 46   AutoCAD 三维线模

点、支托等所有构件信息，同时还可以从 AutoCAD 中直接读取节点坐标，方便现场拼装，降低了技术人员使用 BIM 模型的门槛。

屋盖南侧的 V 形柱最长 27m，最重达到 14t。通过在 BIM 模型中确定吊机行走路线，对 V 形柱的吊装进行了模拟，确定柱子分段，根据吊机的起吊能力选择合适的吊机，确定了经济可行的吊装方法。

为了更好地管理构件，该项目使用了自主研发的构件追踪管理平台。该平台基于云服务器的概念，利用 BIM 模型元数据，从钢结构设计院到制造事业部，再到工厂以及安装现场，实现了多部门协同与信息共享。从 BIM 模型中，导出图纸清单、构件清单，对于变更、计划、装箱及车船管理，都可以通过条码扫描实现可视化的管理。扫描分为工厂发车、现场接收和现场安装三个节点，实现了管理的实时化、可视化、数字化，提升了构件管理水平，如图 4-47 所示。

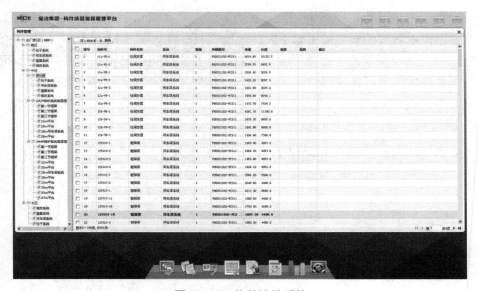

图 4-47　构件追踪系统

通常施工现场利用全站仪进行测量定位和安装复核。在本项目中，对于局部位置尝试采用了三维扫描仪进行扫描，利用自主研发的 3DSTEEL 预拼装软件对点云数据进行处理，形成 3D 实体模型，与 BIM 模型进行比对，复核安装结果，如图 4-48 所示。

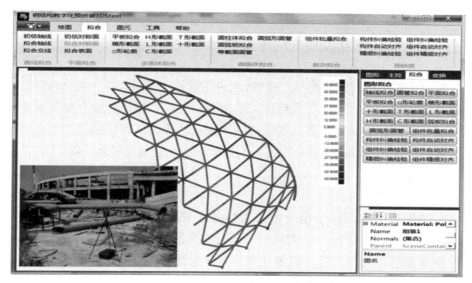

图 4-48　钢结构数字化预拼装软件

5. 算量和变更管理

通过 BIM 模型的利用，可以方便、准确地统计结构用钢量、马道平台用钢量、焊接球用钢量、胎架等施工措施用钢量。通过不同的颜色显示每一次变更的构件，如图 4-49 所示，并统计变更的用钢量，方便管理。

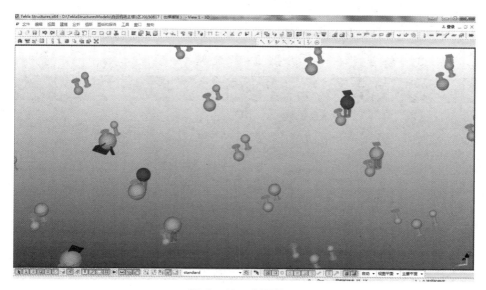

图 4-49　变更管理

4.5 冶金工程类项目实施案例

该案例基于越南河静炼钢厂项目,通过在其施工全过程中应用 BIM 技术,实现基础模型创建、工艺管道协调、管道预制及跨国物流运输、施工方案模拟,解决工业管道预制、设备安装等技术难点,保证工程质量及工期,提高项目施工精细化、信息化管理程度,为后续同类项目提供技术支撑。

4.5.1 项目简介

台塑河静炼钢厂位于越南中部河静省永安经济开发区,总占地面积约 2025m²,年钢铁产能达 707 万吨。该项目作为冶金工业工程,具有工程单体多、专业复杂、大型工艺设备多、安装难度大等工程难点。而且,工艺管道工程量巨大,现场施工条件差,管道加工及安装时间是工期的主要制约因素。

越南河静省地处越南中部,雨季时间长达 150 天,旱季高温日长达 100 天,气候因素对施工进度影响极大;该地资源匮乏,物流条件差,对现场仓储要求高;该项目转炉、连铸机等大型工艺设备共 14 套(见表 4-3),单件重量达百吨级,安装精度要求高;加之工艺管道工程量达 15 000t,在施工现场制作安装无法完成。公司综合考虑各方面因素,确定大型工艺管道在国内完成预制,并使用 BIM 技术、物流管理平台等对材料运输及施工过程进行全方位的精细化管理,有效保证施工质量及工程进度要求。

表 4-3 主 要 工 艺 设 备

序号	设备名称	单位	数量
1	铁水脱硫装置	套	3
2	300t 转炉	座	3
3	钢包吹氮站	套	1
4	LF 精炼炉	套	1
5	RH 真空处理装置	套	2
6	双流板坯连铸机	套	2
7	6 流大方坯连铸机	套	1
8	8 流小方坯连铸机	套	1

4.5.2　BIM 应用策划

在项目初期，项目部主要管理人员对项目管理难点进行分析，结合 BIM 技术的特点进行工作策划，明确了应用目标、组织架构、BIM 工作及质量控制流程。

1. 应用目标

（1）通过建模实现可视化审图、交底、现场应用。

（2）利用 BIM 模型开展工艺管道深化设计。

（3）基于 BIM 模型实现工厂化预制及数字化加工。

（4）利用 BIM 模型完善施工方案及设备安装模拟。

2. 组织架构

该项目成立了由项目经理任总指挥、集团 BIM 中心进行技术支持的项目 BIM 团队，如图 4-50 所示。团队下设土建、机电和钢结构三个小组，分别负责各自专业模型创建及模型应用。

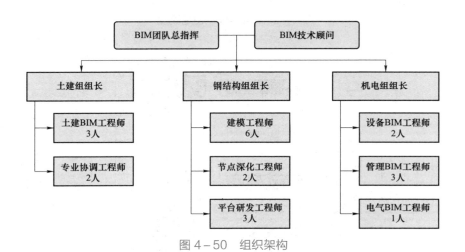

图 4-50　组织架构

3. BIM 工作流程

（1）基础模型创建流程。分专业进行图纸梳理并建立模型样板文件，分专业、分系统创建 BIM 模型并通过工作集的方式完成模型整合，具体模型创建流程如图 4-51 所示。

（2）BIM 应用流程。基于整合后的基础模型进行可视化应用、深化设计、施工方案优化、钢结构及工艺管道预制安装、物流管理等工作，并将成果文档及模型录入竣工管理平台，通过不断完善竣工文件，实现基于 BIM 技术的竣工交付，具体 BIM 应用流程如图 4-52 所示。

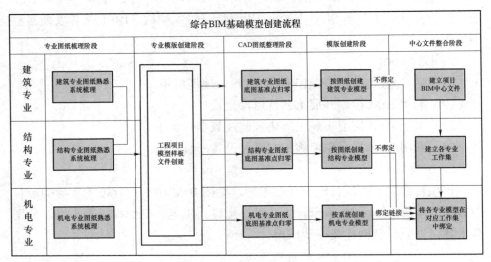

图 4-51 基础模型创建流程

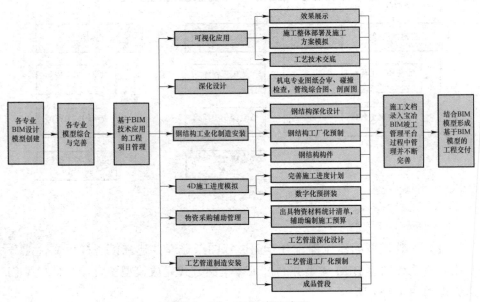

图 4-52 BIM 应用流程

（3）质量控制流程。为保证 BIM 技术应用效果，该项目设置了模型自查、互查和终审三级审核机制，如图 4-53 所示，有效地保证了 BIM 基础资料的精度及合理性。

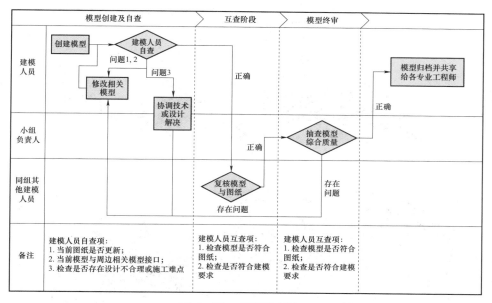

图 4-53　质量控制流程

4.5.3　BIM 具体应用

1. 施工图模型创建

创建施工图模型，是基于 BIM 技术开展项目管理工作的前提。模型需分区域、分单体、分专业进行创建，根据应用需求，合理定义模型精度。在建模过程中，及时发现设计问题，提前完成图纸审核工作。

作为工业项目，该项目在单体体量、工艺设备尺寸、管道系统类型、钢结构工程量等方面都远超一般民建项目，共有土建单体模型 55 个（包括板坯连铸 2 个、线材连铸 2 个、精炼炉 4 个、转炉 4 个、铁水站 10 个等），如图 4-54 所示；钢结构模型分为 54 个区块，每个区域平均零件数约 9 万个，如图 4-55 所示；管道系统模型 48 个（包括转炉汽化冷却系统、汽水循环系统、蒸汽系统、压缩空气系统、燃气管道、热力管道、氮气、氧气等动力管道），如图 4-56 所示。

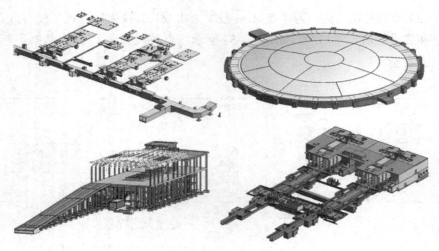

图 4-54　土建模型

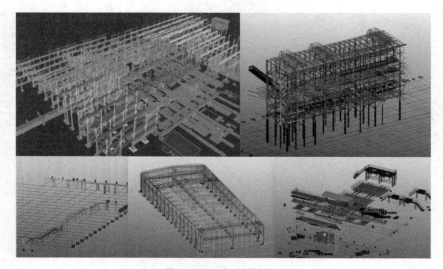

图 4-55　钢结构模型

图 4-56　工艺管道模型

2. 工艺管道协调

传统的施工管理过程缺乏对工程问题的全局性和预见性的把控，常常造成大量返工，导致工期及成本的双重损失。基于 BIM 技术进行冲突检测，通过整合各专业模型，可以发现各单体间协调问题及施工重难点，如图 4-57 所示，技术人员针对所发现问题，提前组织设计沟通、措施选择、施工顺序变更等，有效保证现场施工的平稳、流畅。通过对机电管线进行深化设计，对密集空间内管线进行预先布置优化，如地下水管廊、地下电缆隧道（图 4-58）、地上管廊、液压房等，根据优化结果出具相应的平立面施工详图，能够提前解决绝大部分碰撞及协调问题，避免大量返工及材料浪费。

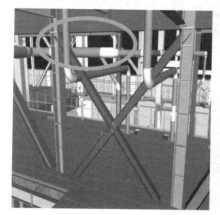

图 4-57　工艺管道与钢结构整体协调

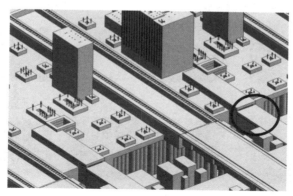

图 4-58　电缆隧道和转炉电缆隧道标高不一致

3. BIM 技术辅助管道预制装配

传统的管道工程施工方法主要是现场焊接、安装，长期以来存在工人劳动环境恶劣、质量难以控制、施工周期长等问题。该项目管道工程量约15 000t，见表4-4，人工成本高及现场气候恶劣导致现场焊接成本高，质量难控。同时，管道施工与设备安装、钢结构安装工序相互交叉，对工期影响大。在该项目中，对主要工艺管道采用了国内工厂化预制，通过完善的预制流程（图4-59）及跨境运输方案，将大量海外现场焊接工作转入国内工厂，有效地避免了越南的恶劣气候对焊接质量的影响，同时缩短了工期，降低了返工率与成本。

表4-4 管 道 工 程 量

管 道 区 域	管道重量/t
LF、RH炉、空压站、铁合金库、废钢料厂管道	2490
炼钢、连铸工厂厂房外管道和转炉、OG系统、蓄热站管道	3600
连铸工厂能源介质管道	3710
炼钢转炉、连铸系统液压润滑管道	240
炼钢水处理工程管道安装	1360
连铸水处理工程管道安装	900
开坯机及线棒材水处理管道安装	530
煤气加压站设备管道安装	880

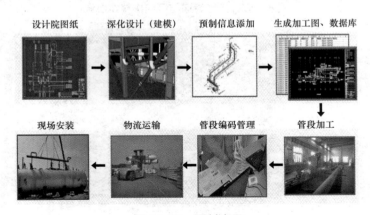

图4-59 预制流程

（1）预制准备阶段。根据管道预制技术准备流程（图4-60）对密集空间内如地下水管廊、地上管廊、液压房等区域管线进行深化设计，并利用宝冶基于 Autodesk Revit 二次开发管道分段插件，将管道模型（图 4-61）按照原料尺寸进行自动分段并对每条焊缝自动编号，导出预制加工图纸（图 4-62）、构件信息汇总表（图 4-63）、焊缝信息表（图 4-64）等，然后将预制加工模型、图纸、材料表提交至预制加工厂审核。审核通过后，导入管道加工管理平台（图 4-65），根据预制进度安排进行管道、管件等材料采购、仓储管理。过程中，通过条形码实时跟踪管道预制状态、物流运输状态。

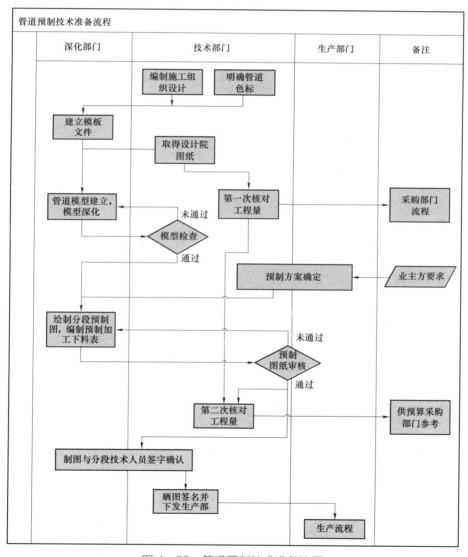

图 4-60 管道预制技术准备流程

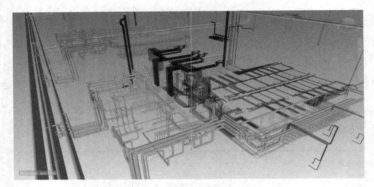

图 4-61　管道深化模型图

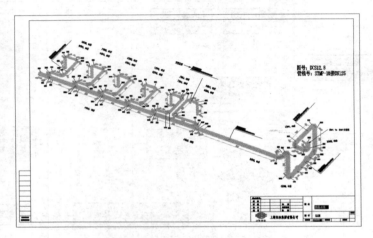

图 4-62　预制加工图

	管线代号	管线序号	管线区域号	构件名称	构件英文	外径	壁厚	主体材质	单位	长度	所属管段号
1	管线代号	管线序号	管线区域号	构件名称	构件英文	外径	壁厚	主体材质	单位	长度	所属管段号
2	DC9	DDS52.4	FHS021202	管段		508.00	9.53	A53 GR.B	m	6.00	A
3	DC9	DDS52.4	FHS021202	管段		508.00	9.53	A53 GR.B	m	6.00	A
4	DC9	DDS52.4	FHS021202	管段		508.00	9.53	A53 GR.B	m	0.46	B
5	DC9	DDS52.4	FHS021202	管段		508.00	9.53	A53 GR.B	m	6.00	B
6	DC9	DDS52.4	FHS021202	管段		508.00	9.53	A53 GR.B	m	0.80	B
7	DC9	DDS52.4	FHS021202	45°弯头		508	9.53	A234 GR.	个	1	B
8	DC9	DDS52.4	FHS021202	管段		508.00	9.53	A53 GR.B	m	6.00	C
9	DC9	DDS52.4	FHS021202	管段		508.00	9.53	A53 GR.B	m	6.00	C
10	DC9	DDS52.4	FHS021202	45°弯头		508	9.53	A234 GR.	个	1	C
11	DC9	DDS52.4	FHS021202	管段		508.00	9.53	A53 GR.B	m	6.00	D
12	DC9	DDS52.4	FHS021202	管段		508.00	9.53	A53 GR.B	m	6.00	E
13	DC9	DDS52.4	FHS021202	管段		508.00	9.53	A53 GR.B	m	6.00	E
14	DC9	DDS52.4	FHS021202	管段		508.00	9.53	A53 GR.B	m	6.00	E
15	DC9	DDS52.4	FHS021202	管段		508.00	9.53	A53 GR.B	m	6.00	F
16	DC9	DDS52.4	FHS021202	管段		508.00	9.53	A53 GR.B	m	6.00	F
17	DC9	DDS52.4	FHS021202	管段		508.00	9.53	A53 GR.B	m	6.00	G
18	DC9	DDS52.4	FHS021202	管段		508.00	9.53	A53 GR.B	m	6.00	G
19	DC9	DDS52.4	FHS021202	管段		508.00	9.53	A53 GR.B	m	0.42	H
20	DC9	DDS52.4	FHS021202	管段		508.00	9.53	A53 GR.B	m	6.00	H
21	DC9	DDS52.4	FHS021202	管段		508.00	9.53	A53 GR.B	m	6.00	H
22	DC9	DDS52.4	FHS021202	45°弯头		508	9.53	A234 GR.	个	1	H
23	DC9	DDS52.4	FHS021202	管段		508.00	9.53	A53 GR.B	m	0.35	I
24	DC9	DDS52.4	FHS021202	管段		508.00	9.53	A53 GR.B	m	6.00	I
25	DC9	DDS52.4	FHS021202	管段		508.00	9.53	A53 GR.B	m	6.00	I
26	DC9	DDS52.4	FHS021202	45°弯头		508	9.53	A234 GR.	个	1	J
27	DC9	DDS52.4	FHS021202	管段		508.00	9.53	A53 GR.B	m	0.16	J

图 4-63　预制构件信息表

	A	B	C	D	E	F	G	H	I
1	管线代号	管线序号	管线区域	焊缝号	所属管段号	外径	壁厚	焊接类型	主体材质	管段
2	DBS90a	OG18-4	BY	001	0	406	9	F	A53Gr.B	BY-I
3	DBS90a	OG18-4	BY	002	A	406	9	S	A53Gr.B	BY-I
4	DBS90a	OG18-4	BY	003	0	406	9	F	A53Gr.B	BY-I
5	DBS90a	OG18-4	BY	004	B	406	9	S	A53Gr.B	BY-I
6	DBS90a	OG18-4	BY	005	0	406	9	F	A53Gr.B	BY-I
7	DBS90a	OG18-4	BY	006	C	406	9	S	A53Gr.B	BY-I
8	DBS90a	OG18-4	BY	007	C	406	9	S	A53Gr.B	BY-I
9	DBS90a	OG18-4	BY	008	0	406	9	F	A53Gr.B	BY-I
10	DBS90a	OG18-4	BY	009	D	406	9	S	A53Gr.B	BY-I
11	DBS90a	OG18-4	BY	010	0	406	9	F	A53Gr.B	BY-I
12	DBS90a	OG18-4	BY	011	E	406	9	S	A53Gr.B	BY-I
13	DBS90a	OG18-4	BY	012	0	406	9	F	A53Gr.B	BY-I
14	DBS90a	OG18-4	BY	013	F	406	9	S	A53Gr.B	BY-I
15	DBS90a	OG18-4	BY	014	0	406	9	F	A53Gr.B	BY-I
16	DBS90a	OG18-4	BY	015	G	406	9	S	A53Gr.B	BY-I
17	DBS90a	OG18-4	BY	016	0	406	9	F	A53Gr.B	BY-I
18	DBS90a	OG18-4	BY	017	H	406	9	S	A53Gr.B	BY-I
19	DBS90a	OG18-4	BY	018	0	406	9	F	A53Gr.B	BY-I
20	DBS90a	OG18-4	BY	019	I	406	9	S	A53Gr.B	BY-I
21	DBS90a	OG18-4	BY	020	I	406	9	S	A53Gr.B	BY-I
22	DBS90a	OG18-4	BY	021	0	406	9	F	A53Gr.B	BY-I
23	DBS90a	OG18-4	BY	022	J	406	9	S	A53Gr.B	BY-I
24	DBS90a	OG18-4	BY	023	0	406	9	F	A53Gr.B	BY-I
25	DBS90a	OG18-4	BY	024	K	406	9	S	A53Gr.B	BY-I
26	DBS90a	OG18-4	BY	025	0	406	9	F	A53Gr.B	BY-I

图 4-64　焊缝信息表

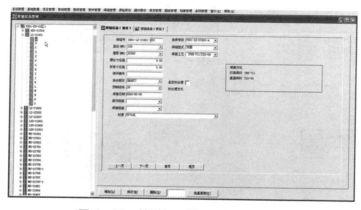

图 4-65　管道加工管理平台数据导入

（2）预制生产阶段。预制生产工艺包括材料进场检验、喷砂除锈、底漆喷涂、下料及坡口打磨、组对焊接、打标、探伤检测、油漆涂装、打包运输，如图 4-66 所示，其生产流程如图 4-67 所示。

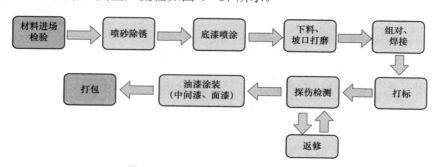

图 4-66　预制生产阶段工艺流程

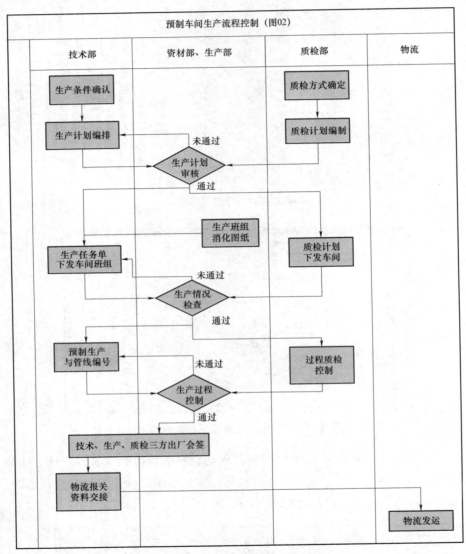

图 4-67　预制车间生产流程

在预制生产阶段，借助预制管理平台进行材料采购、出入库管理（图 4-68）、管段条形码输出（图 4-69）、管段成品管理（图 4-70）等内容，实现技术、资料、生产、质检、物流等各参与方全面配合，将管理纵深至每条管线、每个管段、每道焊缝、每名焊工。

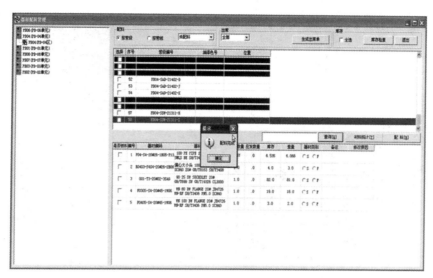

图 4-68　管道预制管理平台材料采购、出入库管理

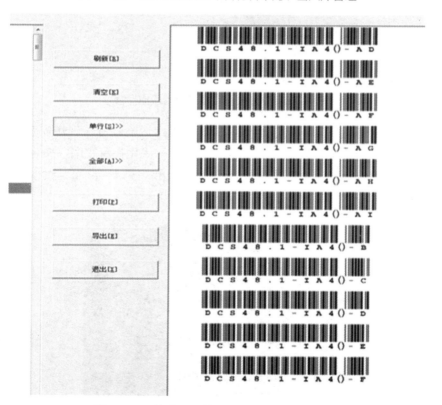

图 4-69　管道预制管理平台管段条形码输出

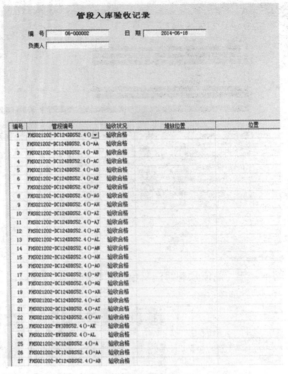

图 4-70　管道预制管理平台管段成品管理

（3）打包运输阶段。打包运输阶段综合考虑运输设备、现场安装进度、施工区域、堆场管理等因素，如图 4-71 所示。优化物流空间（图 4-72），避免现场二次倒运，从而实现现场安装有序开展（图 4-73），全面满足工期要求。

图 4-71　现场打包照片

图 4-72　管道套装节省运输空间

图 4-73　现场工艺管道安装

4. 工艺设备安装方案模拟

冶金工艺设备安装过程相对于其他安装工程来说，具有设备单体重量大、体积大、组装复杂、工序交叉多等特点。将冶金设备的安装步骤及路径进行动态模拟，验证安装方案的可行性，进而优化安装方案，指导现场安装施工。同时，综合考虑工程量及施工措施量，以达到节省工费、降低造价的目的。工艺设备安装方案模拟是冶金项目技术管理的关键环节。

该项目利用 BIM 软件对大型转炉（图 4-74）、连铸设备（图 4-75）等设备的移动、吊装、就位、零部件装配等工序进行模拟，提前发现技术难点，验证吊车站位、结构安装顺序等技术要点，对其安装方案进行深化，形成相应的设备安装方案，保证设备安装过程的顺利进行。

图 4-74　转炉吊装工艺模拟

图 4-75　连铸设备安装工艺模拟

4.6　综合管廊类项目实施案例

随着国家对地下综合管廊建设的大力支撑，BIM 技术作为建筑业革新技术迅速发展，但是 BIM 技术在地下管廊建设中的应用较少。该案例以浦东机场管廊项目为载体进行 BIM 应用，主要从施工策划、图纸审查、钢筋放样、方案模拟、技术交底、安全管理等方面进行技术探索，解决了项目建设过程的一系列难题，为项目建设增效，同时也为智慧管廊的打造奠定了基础。

4.6.1　项目概况

浦东国际机场综合管廊长 875m，包括通风口、投料口等附属设施。综合管廊主体横向共分 2 舱，净高为 2.9m，其中，左侧热力舱净宽 9.1m，主要为热力暖管和冷却水管；右侧为综合舱，净宽 2.7m，主要为电信线缆、给水管线和电力电缆。底板和侧墙厚度，在飞机通行区为 1m，其余为 0.7m，管廊断面图如图 4–76 所示。基坑开挖深度为 6～6.3m，采用 SMW 工法桩＋内支撑支护。

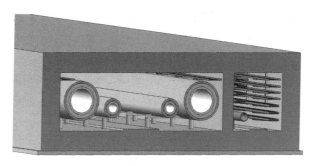

图 4–76　综合管廊典型断面图

4.6.2　BIM 实施内容和流程

1. BIM 实施内容

本项目 BIM 涵盖了建筑、结构、基坑支护等专业，结合本项目特点，BIM实施目标和内容拟安排见表 4–5。

表 4–5　　　　　　　　　　　　　BIM 实施目标和内容

阶段	实施目标	主要实施内容
施工前准备阶段	施工布置策划	制作现场大临和施工区域 3D 平面布置模型，进行动画模拟，各个功能区分区明确
	安全文明施工和绿色施工策划	制作项目安全、文明施工及绿色施工 3D 动画
	施工图审查和深化设计	根据施工图创建 BIM 模型；结合各专业规范要求，对模型进行整合、深化，消除碰撞，避免不合理，形成深化模型，指导施工
	4D 模拟、方案模拟和技术交底	将 BIM 模型与进度计划关联，进行 4D 虚拟建造，制作 4D 施工组织设计，会同其他单位对施工组织设计和专项方案优化，编制详细的施工计划；对工程技术重难点采用虚拟仿真技术展示施工工艺流程，优化施工方案，并进行可视化交底，确保施工的顺利进行
进场施工阶段	材料管理	进场材料质量控制（基于 BIM 技术，及时录入进场设备、材料的信息，严格把控材料质量，限额领料，把控材料去向）
	进度管理	根据进度节点，采用 BIM 模型进行施工进度拆分上报；收集现场实际进度资料进行进度计划动态对比，调整进度计划，采用 BIM 技术将进度上报发包人
	质量管理	对重难点工程，利用 BIM 技术模拟施工、数据采集和分析并结合现场视频监控施工质量

续表

阶段	实施目标	主要实施内容
进场施工阶段	造价管理	工程量上报、进度款上报、设计变更上报、投资管理上报
	资料管理和协同管理平台搭建	BIM 模型和施工过程资料关联，及时对 BIM 模型进行维护；通过协调管理平台，协调项目不同参与方，对数据、信息、资料进行实时整合，保证项目高效的沟通机制及管理效率
竣工验收阶段和后期运维	竣工验收	导出竣工资料
	完成竣工模型	竣工模型检查（系统检查竣工模型资料是否完整，应包括实际数据、施工过程控制数据、各类验收资料、相关材料和构配件的质量证明文件、材料复试文件等）
	运维支撑	在工程交付后 1 年内，提供模型与监控系统的衔接及协调的技术支撑

2. BIM 实施流程

根据项目重难点及建设需求，制定 BIM 工作流程，如图 4-77 所示。

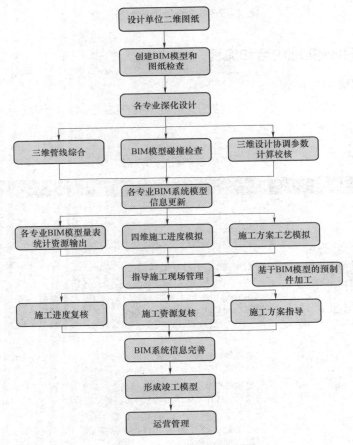

图 4-77　BIM 工作流程图

4.6.3　BIM 技术在综合管廊建设中的应用与研究

本项目利用 BIM 技术，创建模型，基于 BIM 模型对设计图纸进行审核、施工策划、钢筋放样、可视化交底、方案模拟与优化、基坑安全监测、运维管理等。

1. 模型创建

本项目模型创建以 Revit 为主要建模工具，Revit 为 Autodesk 公司的 BIM 软件，建模精度较高，能够满足现场施工需求，但是建模速度较慢；对于内部的细部构造，可以利用该公司机械设计软件 Inventor 进行创建，然后作为族文件导入。结构模型创建时，利用结构变形缝为分割段，分专业创建模型，最后通过插入链接的方式进行模型整合、协同，整合后的模型如图 4-78 所示。本项目创建的模型有基坑支护模型、管廊结构本体模型、管廊附属结构模型、内部管线模型、场地施工策划模型。其中，结构模型创建主要通过放样和放样融合命令创建，建立结构的断面轮廓族，提高建模效率。

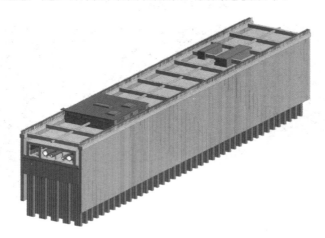

图 4-78　协同模型

2. 图纸审核

项目施工和建造全部依照施工图完成，施工图错误和不合理将会导致工程返工，造成工期和经济上的浪费。管廊的设计图纸从专业划分有建筑、结构、基坑支护、机电、消防、给水排水等专业。设计院在设计时，主要利用 CAD 进行平面二维设计，各个专业之间的关联性不强，各专业间的信息关联和传递主要通过人工完成，势必导致信息的缺失，致使图纸之间的错、漏、缺、碰频出。本项目在三维模型上关联各种信息，在施工前进行各种信息集成融合，使得项目在建造、运营过程中的沟通、方案决策等都在可视化和信息完备的状态下进行，减少或防止决策失误。

把建好的三维模型导入到 Navisworks 软件中，运行碰撞检查，从而发现各系统之间的碰撞点（图 4-79）及各预留孔洞（图 4-80）等，从而在施工前期预先发现问题，解决问题，节省工期和成本，提高企业效益。

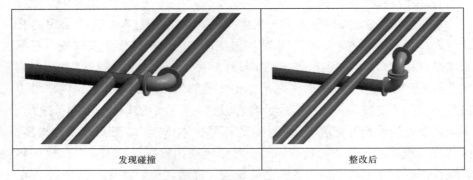

发现碰撞　　　　　　　　　　整改后

图 4-79　碰撞检查整改

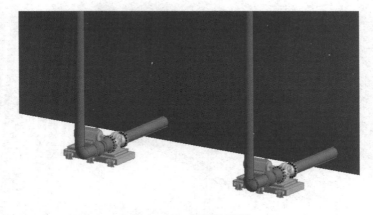

图 4-80　孔洞的预留

3. 施工策划

传统的场地布置都是利用 CAD 图进行平面布置，而施工场地布置往往是一个动态的过程，在施工前通过平面图纸将整个施工过程中的场地布置考虑周全不太可能。如果采用 BIM 软件进行 3D 动态布置，能够直观、形象地展示现场情况和布置变化，同时能够更周全地考虑各种因素，减少因场地布置不合理造成的二次搬运产生的工期和资源浪费。对于场地布置，如果采用 Revit 软件布置，对技术人员的专业能力要求较高，而且布置起来比较复杂。品茗三维施工策划软件是基于 Autodesk CAD 平台开发的专门用来布置场地的软件。软件本身集成了常用的构配件，可以进行相关的编辑设置，布置起来非常便捷。当所有设施布置完毕后，能导出工程量统计清单（见表 4-6）和输出场地平面布置图。本项目利用此软件进行场地施工区域大临（图 4-81）和生活区域大临（图 4-82）的平面布置，为项目的施工策划提供了便利。

图 4-81　施工区大临 3D 布置

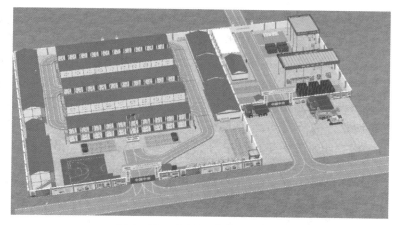

图 4-82　生活区大临 3D 布置

表 4-6　　　　生活区大临布置工程量表（软件自动导出）

序号	名　称	规格	数量	单位	备　注
1	硬化地面	100mm	7965.398	m²	硬化地面
2	砌体围墙	240mm	410.051	m	砌体围墙
3	矩形门梁大门	7000mm	2	个	矩形门梁大门

续表

序号	名 称	规格	数量	单位	备 注
4	单/双层板房（直跑楼梯）	36 000mm×5400mm	1166.4	m²	单/双层板房（直跑楼梯）
5	旗台		1	个	旗台
6	混凝土道路	200mm	198.693	m³	道路
7	单侧洗漱台		4	个	两侧洗漱台
8	简易晾衣区		2	个	简易晾衣区
9	多排型钢立柱式防护棚/加工棚	18 000mm×8000mm	1	个	多排型钢立柱式防护棚/加工棚

4. 钢筋放样

随着计算机技术的发展和计算机硬件水平的提升，钢筋计算机放样成为了可能，但即便如此，钢筋绘制的工作量非常大。地下综合管廊工程具有重复性、截面变化不大的特点，本项目利用 BIM 技术，选取标准段进行钢筋放样；然后导出工程量清单，进行钢筋加工的统一调配。针对项目中的复杂节点进行模拟放样，提前解决不可预见的问题。梁建模直接利用 Autodesk 公司提供的 Extensions 插件进行，只需对主筋和箍筋的间距、根数、位置等信息进行定义，即可对基坑支护工程中的冠梁和支撑梁、设备间的梁、板进行快速建模，大大减少了建模时间。针对管廊本体则需使用 Revit 自带的钢筋功能绘制，但速度较慢。本项目在支撑冠梁放样时发现冠梁上下主筋和 SMW 工法桩中的 H 型钢冲突，无法施工，此信息反馈给设计部门进行了修改，如图 4-83 所示。通过创建标准节（24m）钢筋模型，如图 4-84 所示，导出钢筋明细表，见表 4-7。根据明细表数量进行下料加工，控制材料用量，节约投资。

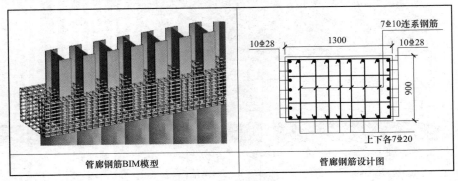

管廊钢筋BIM模型	管廊钢筋设计图

图 4-83 钢筋对比图

图 4-84　标准节管廊钢筋放样图（拉结筋未绘制）

表 4-7　　　　　　　　钢筋明细表（不包含拉结筋）

钢筋编号	钢筋直径/mm	钢筋长度/mm	间距/mm	数量	钢筋体积/cm³
1	32	15 100	200	121	1 469 441.01
1a	32	11 570	200	121	1 125 922.68
1b	32	18 170	200	121	1 768 194.91
2	25	16 200	100	240	1 908 517.54
3	32	22 300	200	121	2 170 101.62
4	25	24 470	200	121	1 453 413.66
5	20	23 900	200	314	465 521.2
6	20	23 900	150	38	142 659.72
7	20	4520	150	322	228 619.98
8	32	23 900		16	38 443.04
合计				1535	10 770 835.36

5. 可视化交底以及内部漫游

技术交底是施工中不可或缺的一部分。传统的技术交底一般基于二维 CAD 图纸，一些复杂的细部构造通过大样图、剖面图等进行交底，这对作业班组的空间想象能力要求较高，交底存在一定的局限性，容易出现作业班组错误理解设计意图，导致返工。现在，利用 BIM 技术的可视化和内部漫游，从三维多角度观察模型，可以避免偏差出现。本项目的可视化交底应用主要体现在以下几点：

（1）结构缝的细部做法交底，如图 4-85 所示。

（2）钢筋节点做法交底。

（3）模板排版技术交底。

（4）脚手架搭设方案技术交底。

（5）管廊支架做法技术交底。

（6）集水井细部做法技术交底。

图 4-85 结构变形缝技术交底

内部漫游（图 4-86）主要体现在以下几点：

（1）附属结构内部漫游和净空检查。

（2）管廊内部漫游和净空检查。

（3）集水井空间检查。

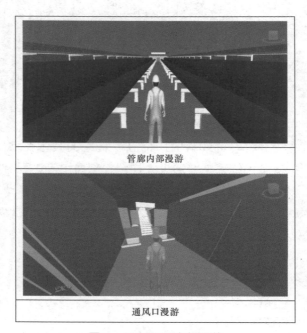

管廊内部漫游

通风口漫游

图 4-86 项目内部漫游

6. 施工方案模拟和工序模拟

本项目由于内部机电和管线不在本次招标范围内，为了保证后期施工单位机电和管线安装的顺利进行，对大型的机电设备和管廊的吊装运输路径进行先期规划，对于受影响的封堵墙采取后施工等措施。例如，本项目热力舱风机外形尺寸为 1.8m×2.0m（净尺寸），而设计吊装口净尺寸为 2.0m×2.0m，无法吊装，因此建议设计将吊装口改为 2.0m×2.2m，保证后期的顺利吊装。原内部防火封堵墙设计为预留洞，考虑到大型管道在内部穿孔就位困难，更改为后砌筑施工，便于后期安装管道。对于重大危险施工方案进行模拟，例如基坑土方开挖方案，确保施工安全（图 4-87）。此外，还对 SMW 工法桩施工（图 4-88）、混

图 4-87　土方开挖施工方案模拟

图 4-88　SMW 工法桩施工

凝土支撑的浇筑（图4-89）、管廊结构的浇筑（图4-90）等关键工序进行模拟。根据工期安排制作施工工序图，直观地展示各个阶段和时间节点的工作内容、工作顺序及施工部署。

图4-89 混凝土支撑浇筑

图4-90 管廊结构浇筑

7. BIM 技术辅助基坑安全监测

基坑的变形随着开挖深度和时间的推移不断变化，在基坑监测过程中会形成大量的监测数据，例如基坑侧壁的变形数据、基坑顶的沉降变形等，以基坑侧墙的变形数据最为庞大。为了能够获得平缓、准确的监测数据，一般监测单位每隔0.5m的深度测量一个数据，监测获得的大量数据需人工处理后才能读懂，很难直观反映变形情况。利用 Revit 可以通过 API 接口访问和操纵软件，经二次开发后将基坑监测数据进行可视化处理，其开发流程如图4-91所示。

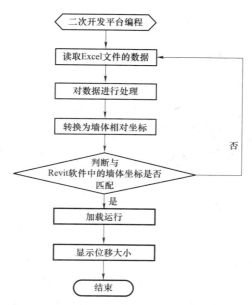

图 4-91　基坑变形监测数据可视化程序二次开发流程

8. 运行维护管理

（1）虚拟验收。通过将已完工的现场与 BIM 模型进行对比分析，从而发现施工偏差甚至不一致等问题，提高验收效率与质量，进一步确保实体建筑和 BIM 模型完全协调一致，便于后期管理与维护。

（2）竣工模型与运行维护。根据实际施工情况和图纸变更，对模型进行更新和维护，形成最终版的 BIM 竣工模型，模型包含各种信息，如各专业设计信息，各设备采购厂家、规格型号及进场时间等。提交给业主和运行维护单位进行运行维护方面的二次开发和技术应用，为打造智慧管廊提供数据支持。

4.7　学校类项目实施案例

随着建筑业信息化水平的不断提高，BIM 技术在"十二五"时期飞速发展，涌现出了一批优秀工程案例，也被越来越多的人所熟知认可。该案例以深圳大学西丽校区建设工程（一期）Ⅱ标段为载体，进行了 BIM 技术的研究探索。本项目利用 BIM 技术通过模型会审，提前发现设计问题；通过方案深化，降低施工难度；通过进度模拟，严控进度超期；通过深化设计，施工模拟，避免二次返工；通过对绿色文明施工的策划，节地节材，有效实现了项目成本控制，并得到社会各界的广泛认可。

4.7.1 项目简介

深圳大学西丽校区建设工程（一期）项目Ⅱ标段选址位于南山区西丽大学城片区，本项目承担施工的建筑面积约 16 万 m²，占地面积 21.16 万 m²，本工程由 7 栋单体建筑及景观组成。结构形式多样，其中包含多栋框架结构教学楼、大跨度钢结构体育馆会议中心、25 层框支剪力墙结构宿舍楼。因本项目为民生工程，应校方要求工期提前 181 天，质量目标为鲁班奖。

4.7.2 BIM 实施策划

本项目为综合性校园市政民生类项目，具有工程占地面积大、施工环境复杂、交通协调困难、单体数量多、结构形式多样、对施工技术和质量要求高、工期要求紧、项目管理工作较难控制等多项难题。传统的项目管理模式对其进行全过程控制及精细化管理存在一定的困难。在项目初期，项目管理团队组织实施 BIM 策划，积极引入 BIM 技术，重点分析项目工程中可能遇到的难点，明确 BIM 应用目标、组织架构、应用流程及质量控制体系等，为项目的顺利开展打下了良好基础。

1. 应用目标

对机电施工图、施工节点、分项工程进行深化设计；对重点难点施工方案进行验算模拟、工况模拟和方案模拟；辅助施工过程进行工业化制造安装，数字化现场施工，信息化管理。

2. 组织架构

项目部成立了由项目经理任 BIM 总指挥、施工经理负责 BIM 具体实施、项目总工作为 BIM 技术总监、各部门分工合作的完善的组织架构，如图 4−92 所示。

3. 应用流程

为保障项目 BIM 工作的顺利、正常开展，项目管理团队规范了 BIM 工作流程。依据项目应用目标，制定符合要求的设计、应用、拓展流程。

4. 质量控制体系

在项目策划阶段制定了针对项目的 BIM 应用标准，如图 4−93 所示，并通过模型自审、互查、终审、定期例会、奖惩措施等多种措施，保证 BIM 工作的质量满足项目服务需求。

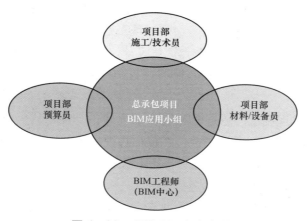

图 4-92　项目 BIM 组织架构

图 4-93　项目 BIM 应用标准

4.7.3　BIM 模型应用与深化设计

在实施 BIM 技术的前期模型创建阶段，BIM 技术便已发挥了其作为辅助项目技术工作的作用。随着项目工作的推进和展开，本项目 BIM 深化工作已有如下成果：基于 BIM 模型进行会审发现土建与机电图纸问题，对室内室外管线进行综合排布，复杂钢筋节点深化设计，方案优化，二次结构深化设计，装修深化设计，室外工程深化设计。

1. 模型审核

模型审核发现图纸问题是 BIM 工作最基本的功能。从模型创建时刻起，到模型自审，每周模型审核例会，在保证模型质量的同时就能发现大量图纸问题，包括图纸错误、图纸遗漏、设计不合理等问题。

由于该项目主体结构形式多样复杂，一些设计上不合理之处在传统图纸会审中难以发现，如污水井、雨水井悬空，楼梯平台高出屋面，门与楼梯平台梁发生碰撞，储物间缺盖板等。

发现图纸问题及时反馈填写问题清单，规范工作流程，过程管理到位。

2. 专业整合与协调

对于不同专业图纸之间的矛盾，传统方法是多专业人员联合会审，但因为不同专业人员对其他专业了解有限，对其他专业图纸理解不到位，沟通自然存在困难，会审效果不理想。而应用 BIM 平台将所有专业内容放在同一平台上，方便发现不同专业之间的问题，也为不同专业人员之间的沟通提供了便利。

本项目通过 BIM 多专业会审发现雨水管穿承台，污水管覆土深度不足，风管与门碰撞，地下室净空不足，消火栓位置不合理。对室内室外不同专业管线综合布置（图 4-94）并累计出图 46 套。

图 4-94　机电管道综合

3. 复杂钢筋节点深化设计

本工程存在大量复杂钢筋节点，如超高大截面斜柱节点，钢骨混凝土梁与钢筋混凝土梁相交节点。项目应用 BIM 技术对这些复杂节点（图 4-95）进行设计可行性与施工可行性的验证，并进行深化修改。钢筋需通过工字钢处，提前对钻孔位置进行定位，在入场前就在工厂加工完毕，减少现场作业，有效地保障了工程质量。

图 4-95 复杂钢筋节点深化设计

4. 施工方案优化与对比

本工程在开工之初，就对应用 BIM 技术进行方案优化进行了精心策划，模型创建完成于初步问题调整后，项目部组织富有经验的施工经理、技术负责人对模型进行会审，使丰富的施工经验与直观的模型相结合，高效优化方案。

对位于道路中间的污水井盖进行优化布置，将其转移到路边绿化带上，减少道路薄弱处，减少工序，降低施工难度。对体育馆屋顶开洞易造成漏水隐患处进行方案优化，将排风机放在桁架中，采用侧面排风。对南区宿舍卫生间由原来的异层排水每间 6 个穿楼板套管，改为同层排水每间 2 个穿楼板套管，如图 4-96 所示，总共减少 4500 个预留套管施工，节材、节工。

对装修样板间进行 BIM 模型方案（图 4-97）对比，有效加速与设计单位的沟通效率，对材料选择与装修风格提前进行可视化对比，快速进行方案选择，加速工程进度。

项目部对耗材较大、易返工的分部工程进行严格把控，应用 BIM 技术对二次结构进行提前排版，如图4-98所示。对机电管线、消防箱等需要预留孔洞的进行图纸留洞。与传统二次结构排版图相比，BIM 可直接三维观察结构与建筑门窗、机电穿孔情况，排布精确性得到了大幅度提升。依据 BIM 排砖的精确数据，施工现场使用工具集中裁切砌体，提高回收率。项目利用结构阶段剩余的混凝土预制预留孔洞过梁，穿洞预制块，环保、节材。

图4-96　卫生间排水方案优化

图4-97　样板间装修方案

图4-98　二次结构深化设计

4.7.4　BIM 施工模拟

BIM 施工模拟具有可视化强，便于沟通，方便协作，及时调整，过程展示真实、直观等优点。从场地布置到机电安装，再到装修阶段，BIM 施工模拟一以贯之，辅助现场施工，提前发现施工中的不足。

1. 场地布置模拟

本工程开工之初，建立了整个场地的策划模型，依据地基、主体、装修、室外等各个阶段的场地情况，结合永久性建筑与临时建筑的相对关系，合理布置场地大临设施。利用 BIM 对临时道路进行策划，根据现场条件环山而建，临时道路布置与永久道路兼顾考虑。依托标准化族库，实现对场地规划的快速布置，灵活调整。在绿色施工中对场地进行模拟预演，如图 4-99 所示，找出最优布置方案，减少二次布置，提高场地使用率，实现对施工场地的动态管理。

图 4-99　场地布置模拟

2. 进度模拟

施工管理日趋复杂，传统的进度管理已无法适应当前的需要，BIM 进度模拟便应运而生，通过动态展示整体和局部施工过程以及施工场地布置情况，对传统进度模拟容易遗漏的施工措施、场地限制、工序交接等方面，进行直观展示和暴露。应用 BIM 技术对关键线路进行模拟，提前发现并解决影响进度的问题。其中，南区宿舍通过底层外架提前拆除，如图 4-100 所示，提前施工室外管网，缩短工期 45 天。

图 4-100　南区宿舍进度模拟

3. 工况模拟

BIM 工况模拟可以直观、简洁地展示复杂工况下的施工顺序和施工要求。通过 BIM 可视化建造，不仅可以使施工人员在短时间内了解整个施工流程状况，还可以为施工组织提供直接参考。

本工程为地下室泵房进行了可视化建造模拟，如图 4-101 所示。针对泵房安装设备多、空间小等特点，先对泵房进行了深化设计优化。本着先大后小、先深后近原则，合理安排施工顺序，水箱、设备、管线通过设置不同颜色，对施工顺序进行直观演示，依次安装，保障了工程一次安装到位，无返工。

图 4-101　泵房模拟建造

4. 验算模拟

本工程体育场屋顶采用大跨度钢结构建造，项目使用 BIM 技术对钢结构桁架进行有限元分析，如图 4－102 所示，即对使用时的结构进行优化。同时，对施工措施进行验算分析，最终确定了"支撑胎架，高空拼接"的施工方法。体育馆主桁架中间加设临时支撑胎架，悬挑桁架加设临时支撑，综合考虑受力体系的稳定性和安装需求。

图 4－102　桁架验算模拟

4.7.5　BIM 施工辅助

1. 技术交底

利用 BIM 技术进行交底，可以有效避免传统技术交底以文字为形式而极易造成的施工人员与技术人员之间的理解误差，可快速、高效地进行技术交底。

项目将与质量控制有关的标准做法，如外墙角阴阳角、楼梯细部节点各种材料做法、幕墙节点做法等，应用 BIM 进行可视化三维交底，直观、高效、明确。

对复杂节点钢筋绑扎顺序、幕墙安装（图 4－103）、墙地砖铺贴对缝等传统二维图纸不易表达的问题进行三维展示，以帮助现场施工人员的理解。

2. 工业化制造安装

建筑产业装配化、工业化要求日趋提高，但由于现场施工情况复杂，装配化的模块应用在主体为现场施工的项目中，总会出现这样那样的问题。BIM 技术将给装配化与现场提供一个良好的交融平台。

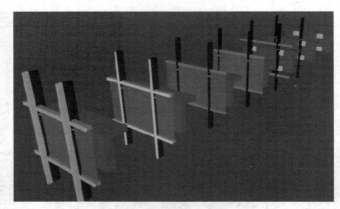

图 4-103　幕墙安装

本工程应用 BIM 技术辅助工字钢工厂加工；风管通过 BIM 模型深化设计、管理、沟通管理、流程管理、BIM 协作、BIM 交付，实现图纸管理数字化、规范化；项目管理流程化、轨迹化；现场施工管理数据化、移动化，有效地保障了项目部的高效运作，保障了项目的顺利实施。

4.8　本章小结

本章以超高层项目、市政类项目、装配式项目、钢结构类项目、冶金工程类项目、综合管廊类项目、学校类项目七个项目类型为例，介绍了 BIM 技术在工程建设全生命周期的实际应用过程，该章节是对前三个章节所介绍内容的工程实践，为工程项目的具体实施提供了案例指导。

第5章

BIM 专项应用实施案例

5.1 三维支吊架设计案例

该案例基于 Revit 软件创建各类支吊架模型库，在管线综合模型上直接为目标管线设计支吊架模型，并使用辅助应力计算软件对支吊架进行校核。该项应用不仅能精准地实现综合支吊架深化图绘制和三维支吊架布置情况可视化展示，还提供了物料统计功能，为设计方案比选和优化提供了便利。

5.1.1 研究思路

结合传统的综合支吊架布置设计过程，从确定综合支吊架类型、综合支吊架平面安装位置、综合支吊架应力核算以及综合支吊架的物料统计四个方面切入，利用 BIM 通用软件 Revit 及应力计算软件，快速生成三维综合支吊架设计方案、计算书及施工控制方案。

1. 支吊架类型确定

因管道布置方式多样，管线走向复杂，布置空间有限，具体位置设置的综合支吊架类型一般根据施工经验和国标规范确定。在各种支吊架型材的三维模型构件库内载入 Revit，方便设计布置时直接调用及创建综合支吊架类型。

2. 支吊架安装位置确定

对于机电管线来说，确定综合支吊架类型后，需明确其安装位置即综合支吊架间距。一般管道的最大支架间距是按强度条件及刚度（或挠度）条件计算确定，取其较小值。

水平直管的支吊架间距应满足下列要求：

（1）强度条件：应控制管道自重产生的弯曲应力，使管道的持续外载当量应力在允许范围内。一般钢管道的自重应力不宜大于 16MPa。弯曲应力计算公式如下：

$$M = \frac{WL^2}{10} \qquad (5-1)$$

式中　M——管道弯曲应力，MPa；

　　　L——管道支架间距，m；

　　　W——管道单位长度的重力（包括管道、介质、保温层的荷载），10N/m。

（2）刚度条件：应控制管道自重产生的弯曲扰度，使管道在安全范围内使用并能正常疏、放水。一般管道的弯曲挠度选用在 10～20mm。

$$\delta = \frac{19WL^4}{1920EI} \qquad (5-2)$$

式中　δ——管道在跨中的挠度，mm；

　　　L——管道支架间距，m；

　　　E——管材在热态下的弹性模量，MPa；

　　　W——管道单位长度的重力（包括管道、介质、保温层的荷载），10N/m（详见管道工程设计资料《管道支架的设计及计算》（TC42B2—1994 第 16 页）。

垂直管道支架的设置，除考虑承重因素外，还要考虑防止动载引起的共振［详见《通风与空调工程施工规范》（GB 50738—2011）表 7.3.4－1～6］。

在实际设计工作中，对综合支吊架间距的计算有必要进行简化。不同管线相应的支吊架间距不同，综合支吊架间距需按各专业管线支架规范要求来确定，取其较小值。一般来说，综合支吊架间距采用柱距或梁距，同时大管道支架间距设置需与土建结构协调同步核算。

3. 支吊架应力核算

（1）重力荷载计算。设备、风管、电缆桥架自重参照设备出厂合格证、检测报告具体数据及《五金手册》进行计算；各类钢管自重根据管径的不同采用不同的计算标准，管径 $DN15～DN150$ 按照《焊接钢管尺寸及单位长度重量》（GB/T 21835）的普通钢管计算，管径 $DN200～DN1000$ 按照《无缝钢管尺寸、外形、重量及允许偏差》（GB/T 17395）的最小壁厚管重计算；管径 $DN20～DN300$ 的塑料管道自重，按照《给水用硬聚氯乙烯管材》（GB/T 10002.1）计算。

设备按动载承重计算，风管按风管自重计算；电缆桥架按承载电缆重量及桥架自重之和计算；综合支吊架计算重量不足 10kg 的按 10kg 计算，超过 10kg 的按 10kg 进位化整，如 23.7 化整为 40kg；其中满管水重按公式 $P = \rho V/L = \rho \pi r^2 \, \text{kg/m}$ 计算，r 为管道内径，$\rho = 1000 \text{kg/m}^3$；各类管道重量按保温管与不保温管两种情况计算。

保温管道：按综合支吊架间距管道自重、满管水重、60mm 厚度保温层重以及以上三项之和 10%的附加重量计算。保温材料表观密度按岩棉 100kg/m 计算；

不保温管道：按设计支吊架间距的管道自重、满管水重及两项之和 10%的附加重量计算。

各种管道间距中管重均计入阀门重量（弯管托座重包括阀门重量），当支吊架中有阀门时，在阀门段应采取加强措施。

在实际核算设计中，对综合支吊架安装荷载可进行必要地简化。根据国标规范及施工经验完成相应参数的选择，具体荷载可查阅规范。

在设计荷载选定时，垂直荷载考虑综合支吊架制作、安装等因素，采用支吊架间距的标准荷载乘 1.35 的荷载分项系数。若基于 SAP2000 软件计算应力，其分项系数会自动赋予，添加荷载时不需乘以分项系数。

水平荷载按垂直荷载乘摩擦系数计算。因横梁管道根数众多，膨胀冷缩引起的总水平推力比单根管的水平推力之和要小，同一时间不可能达到各管道最大水平推力之和。对于一连串相同支架的管线，除端部支架外，摩擦系数通常可以减半，即滑动摩擦系数（钢与钢）可取 0.1～0.15 ［详见管道工程设计资料《管道支架的设计及计算》（TC 42B2—1994）表 6.1.3.1］。

地震荷载按地震设计烈度不大于 8 度计算地震作用，不考虑风荷载。

综合支吊架两种荷载的计算方法如下：① 将逐根管线布置定位后按照每米管线的重力（包括管线、隔热层、流体或试水压）作为各管道的垂直荷载，进行土建结构力学核算设计；② 按照支吊架每平方米的荷载作为土建结构力学核算设计的条件。最大优点是采用每平方米的荷载，管线布置上如有位置调整，即配管修改时不需要重新考虑荷载数值的变更，应预留约 20%的空位以利于增加管道。同时，管线排列时要求将直径大的管道放在两边（靠近立柱），以减小梁承受的弯矩。如无法满足时，个别大管按集中力考虑。单位面积荷载的计算及步骤如下：

首先，分层列出每根管线的单位长度荷载 W_1（N/m）。则每层单位长度总荷载为

$$\sum W = W_1 + W_2 + \cdots + W_n \qquad (5-3)$$

每层单位面积的荷载为

$$P = \frac{1.35\sum W + A \times b}{B} \qquad (5-4)$$

式中　B——综合支吊架该层的总宽度，m；

b ——预留空位的宽度，m；

A ——预留空位的荷载，N/m²，根据具体情况，一般采用 1000～2500N/m²。

（2）支吊架结构计算。

① 立柱构件计算：弯矩作用于两个主平面内的拉弯构件和压弯构件（圆管截面除外），为安全考虑增加相应系数，其截面强度应按下列规定计算：

$$\frac{1.5N}{A_n} \pm \frac{1.5M_x}{\gamma_x W_{nx}} \pm \frac{1.5M_y}{\gamma_y W_{ny}} \leqslant 0.85f \qquad (5-5)$$

式中 γ_x，γ_y ——与截面模量相应的截面塑性发展系数，应按［《钢结构设计标准》（GB 50017）中表 8.1.1］选用；

A_n ——立柱净截面面积；

W_{nx}，W_{ny} ——对 x 轴和 y 轴的净截面模量；

f ——材料容许截面强度，N/mm²。

长细比验算需满足要求，构件为拉弯构件，不需计算平面内、平面外稳定。

② 横梁构件计算：横梁按受弯构件计算，为安全考虑，增加相应系数，其抗弯强度应按下列规定计算：

$$\frac{1.5M_x}{\gamma_x W_{nx}} + \frac{1.5M_y}{\gamma_y W_{ny}} \leqslant 0.85f \qquad (5-6)$$

式中 γ_x，γ_y ——截面塑性发展系数，应按［《钢结构设计标准》（GB 50017）中 6.1.2 条］规定取值；

M_x，M_y ——同一截面处绕 x 轴和 y 轴的弯矩（对工字形截面：x 轴为强轴，y 轴为弱轴）；

W_{nx}，W_{ny} ——对 x 轴和 y 轴的净截面模量；

f ——钢材的抗弯强度设计值，N/mm²。

（3）中间连接件受力计算。膨胀螺栓受力分析参照螺栓出厂合格证、检测报告具体数据及《五金手册》进行计算，评定膨胀螺栓使用规格；焊接方式按《钢结构设计规范》（GB 50017）的相关结构计算公式核算评定焊接形式。

4. 支吊架物料统计

综合支吊架系统可能有多种布置方案，通过进行综合支吊架的物料统计，对支吊架工程成本进行合理的估算，为各种方案的比选和优化提供依据。同时，综合支吊架工程量统计便于施工阶段的采购备料。在设计阶段各种支吊架型材的三维参数化构件库准确使用，能够方便利用 Revit 软件进行自动分类统计各种支吊架型材的工程量。综上所述，三维综合支吊架设计全周期工作流程如图 5-1 所示。

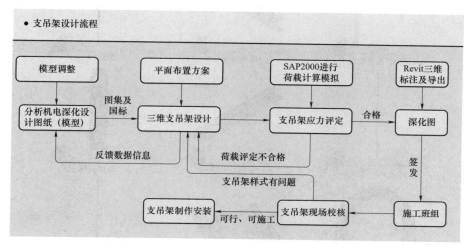

图 5-1　三维支吊架设计应用流程

5.1.2　基于 Revit 的三维支吊架设计应用

1. 前期准备

（1）模型采集：收集已更新的建筑模型、结构模型、机电模型，并校核与设计图纸的一致性。

（2）明确范围：与需求方确认综合支吊架设计的区域范围，模型深度及信息需求等内容。

（3）样品采集：与需求方讨论确认采用支吊架系统（成品支吊架系统及传统支吊架系统），样品报审资料收集。

2. 三维支吊架设计流程

（1）创建支吊架族构件库。基于 Revit 软件创建支吊架构件族库（图 5-2），利用参数化的建族模式将族构件系统标准化、自动化及简单化，从而，供设计人员直接调用支吊架族构件及修改实例参数方式，快速完成三维支吊架设计工作。同时，为了实现基于 BIM 模型的物料统计管理，族构件系统尽可能细化，凡是支吊架能拆解的构件尽量模型化，如螺母、连接板等。

（2）确定支吊架类型。新建支吊架项目文件，利用链接 Revit 功能整合已管综的机电及土建模型形成综合模型。基于综合模型，利用 Revit 软件针对指定区域创建剖面视图，如图 5-3 所示，即可直观地显示机电管线尺寸、类型

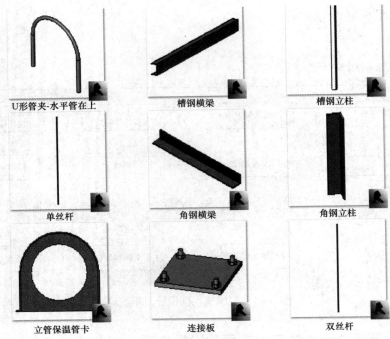

U形管夹-水平管在上 槽钢横梁 槽钢立柱

单丝杆 角钢横梁 角钢立柱

立管保温管卡 连接板 双丝杆

图 5-2 支吊架构件族库

及空间方位等数据。根据经验数据及国标图集等资料综合考虑，粗略地确定支吊架形式、型材尺寸及立面方位等信息。从而，在剖面视图中直接调用相对应的支吊架族构件来搭建支吊架类型的初步设计方案，如图 5-4 所示。同时，根据支吊架初步设计方案的整体表现，可发现管道排布方案不合理情况，并可进一步优化机电综合管线。

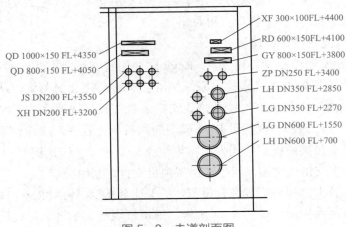

QD 1000×150 FL+4350
QD 800×150 FL+4050
JS DN200 FL+3550
XH DN200 FL+3200

XF 300×100FL+4400
RD 600×150FL+4100
GY 800×150FL+3800
ZP DN250 FL+3400
LH DN350 FL+2850
LG DN350 FL+2270
LG DN600 FL+1550
LH DN600 FL+700

图 5-3 走道剖面图

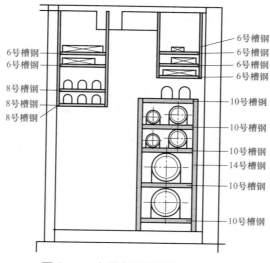

6号槽钢

6号槽钢
6号槽钢

6号槽钢
6号槽钢

8号槽钢

8号槽钢
8号槽钢

10号槽钢

10号槽钢

10号槽钢
14号槽钢

10号槽钢

10号槽钢

图 5-4　走道支吊架设计初步方案

（3）确定支吊架间距。对于机电管线来说，确定支吊架类型后，需明确其安装位置即支吊架间距。

单专业支吊架间距要求如下：

① 桥架支吊架间距：支吊架间距应按设计规定，若设计不作规定，按承受均布载荷时相对挠度不应大于 1/200 为原则，根据计算的实际均布载荷不大于桥架制造厂产品说明书中《在不同跨距下最大允许均布载荷及变形量图》的最大均布载荷，确定支、吊架间距为 1.5m、2m 还是 2.5m。大规格桥架、敷设电力电缆的填充率接近 30%时，支、吊架间距定为 1.5m。在可以不计附加集中载荷的场合、桥架规格较小时，支吊架间距可放宽到 2.5m。大跨距桥架的支吊架间距（3～6m）应按对应的允许均布载荷及变形量图计算。垂直安装的支吊架间距不大于 2m，拖臂安装时应按照设计层间距实施固定［详见《民用建筑电气设计与施工室内布线》（08D800－6）第 67 页］。

② 风管支吊架间距：风管水平安装，直径或长边尺寸小于等于 400mm时，间距不应大于 4m；大于 400mm 时，间距不应大于 3m。螺旋风管的支吊架间距可分别延长至 5m 和 3.75m；对于薄钢板法兰的风管，其支吊架间距不应大于 3m。风管垂直安装，其间距不应大于 4m，单根直管至少应有 2 个固定点［详见国家标准《通风与空调工程施工质量验收规范》（GB 50243）第 35页、《通风与空调工程施工规范》（GB 50738）第 63 页］。

③ 水管支吊架间距：采暖、给水及热水供应系统的金属管道立管管卡安

装应符合楼层高度小于或等于 5m，每层必须安装 1 个；楼层高度大于 5m 时，每层不得少于 2 个。钢管水平安装的支吊架间距不应大于表 5-1 的规定。

表 5-1　　　　　　　　　　　　钢管管道支架的最大间距

公称直径 /mm		15	20	25	32	40	50	70	80	100	125	150	200	250	300
支架的最大间距/m	保温管	2	2.5	2.5	2.5	3	3	4	4	4.5	6	7	7	8	8.5
	不保温管	2.5	3	3.5	4	4.5	5	6	6	6.5	7	8	9.5	11	12

采暖、给水及热水供应系统的塑料管及复合管垂直或水平安装的支吊架间距应符合表 5-2 的规定。

表 5-2　　　　　　　　　　塑料管及复合管管道支架的最大间距

管径/mm			12	14	16	18	20	25	32	40	50	63	75	90	110
最大间距/m	立管		0.5	0.6	0.7	0.8	0.9	1.0	1.1	1.3	1.6	1.8	2.0	2.2	2.4
	水平管	冷水管	0.4	0.4	0.5	0.5	0.6	0.7	0.8	0.9	1.0	1.1	1.2	1.35	1.55
		热水管	0.2	0.2	0.25	0.3	0.3	0.35	0.4	0.5	0.6	0.7	0.8		

铜管垂直或水平安装的支吊架间距符合表 5-3 的规定。

表 5-3　　　　　　　　　　　铜管管道支架的最大间距

公称直径 /mm		15	20	25	32	40	50	65	80	100	125	150	200
支架的最大间距/m	垂直管	1.8	2.4	2.4	3.0	3.0	3.0	3.5	3.5	3.5	3.5	4.0	4.0
	水平管	1.2	1.8	1.8	2.4	2.4	2.4	3.0	3.0	3.0	3.0	3.5	3.5

综合支吊架间距要求如下：在实际设计工作中，不同管线相应的支吊架间距不同，综合支吊架间距按各专业管线支架规范要求综合考虑分析来确定并取其较小值。综合支吊架间距一般不大于 6m，也可采用柱距或梁距。同时，根据各专业的支吊架间距要求，适量地增加一定数量的支吊架。

（4）基于 SAP2000 的支吊架应力校核计算。基于 SAP2000 的支吊架应力计算重点在于建立支吊架结构应力计算模型。模型建立的一般步骤如下：

模型初始化，设置单位制。点击文件→新模型→新模型初始化，如图5-5所示。

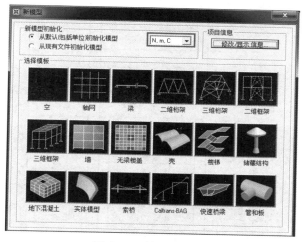

图5-5 模型初始化

简单模型可使用AP2000直接建模，新建轴网（图5-6），使用SAP2000笛卡尔坐标系。

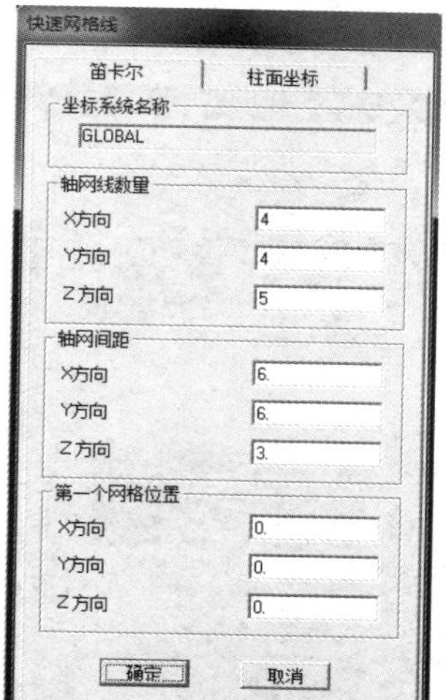

图5-6 新建轴网

编辑轴网：依据支吊架类型及尺寸标注（图5-7），设置轴网（图5-8）。点击定义→坐标/轴网→修改/显示系统→编辑轴网。

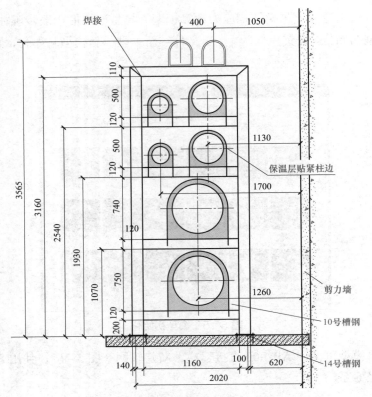

图 5-7　支吊架类型

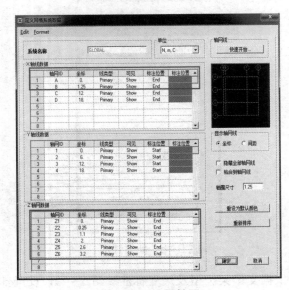

图 5-8　设置轴网

定义材料：点击定义→材料→快速添加（图 5-9）。

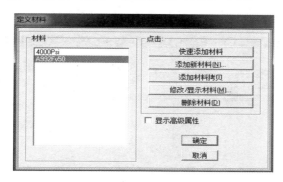

图 5-9　定义材料

定义截面：点击定义→截面→框架截面→导入新属性→槽钢（图 5-10）。

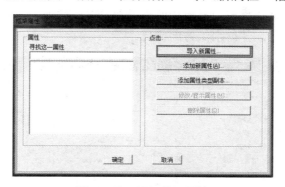

图 5-10　框架截面属性

绘制模型：支座处必须是单元的节点，定义模型线、型材类型及显示，如图 5-11 所示。点击绘图→绘制框架/索/钢束→设置截面→绘制。

节点指定：选择节点→指定→节点→约束→选择约束类型，如图 5-12 所示。

图 5-11　设置型材属性　　　　　图 5-12　定义节点约束

定义荷载工况：根据相关规范计算出整个支吊架各横梁的设计荷载数值。点击定义→荷载模式→添加活荷载，如图 5-13 所示。

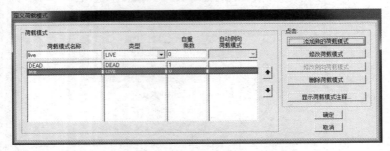

图 5-13　定义荷载模式

施工荷载：点击绘图→绘制特殊节点→确定节点位置→添加节点→选择节点→指定→节点荷载→力→添加节点荷载，如图 5-14 所示。根据剖面方向，确定水平荷载方向，并与水流方向相反。

图 5-14　添加节点荷载

运行结果：荷载添加完成后，点击分析→运行分析，如图 5-15 所示。

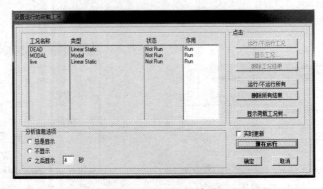

图 5-15　运行结果

　　查看运行结果：主要查看支吊架各部分的应力比是否超过临界点。点击设计→钢框架设计→开始结构设计/校核。支吊架应力比小于 0.9，即可视为支吊架应力荷载合格；

　　若支吊架应力计算超过临界点，需要重新设置支吊架型材规格，并进行运行校核。

　　（5）三维支吊架综合布置。通过支吊架类型确定、支吊架间距确定、应力校核计算等过程，确定此支吊架系统是否可行有效，从而进行大范围的三维支吊架综合布置。首先，将剖面视图中支吊架模型构件生成组，后转入相应平面视图，利用复制粘贴或矩阵功能按照支吊架间距及现场情况（尽量贴梁或柱，大跨度梁柱距适当增加支吊架）进行支吊架水平安装位置确定，最后采用三维视图查看显示情况。

5.1.3　三维支吊架综合应用

1. 辅助验证管线综合

　　通过 Revit 或者 Navisworks 软件将建筑结构模型、机电模型与支吊架模型整合成综合模型，可发现机电管线排布不合理及管线净空情况。如管道以中心对齐排布，致支吊架悬空；机电管线与墙体间距太小，致支吊架无法安装；机电管线空间间距太小，无法安装横梁等。基于支吊架模型，可以更好地检测到管线布置不可行情况，并快速、可行地完成机电管线优化工作，综合模型及对比如图 5－16 所示。

图 5－16　对比展示

2. 绘制三维支吊架深化图

基于 Revit 软件的三维支吊架深化图绘制重点在于型材规格注释、安装尺寸定位标注。深化图绘制的一般步骤如下：

（1）平面布置标注：在平面视图中，将处理好的建筑平面图导入支吊架模型文件中，并将建筑结构及机电模型隐藏，设置适当的图纸比例；然后，将不同类型的支吊架进行编号；最后，将支吊架从起点至端点依次进行水平定位标注，如图 5-17 所示。

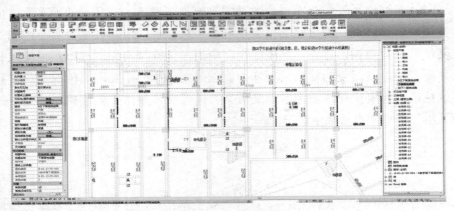

图 5-17　水平定位标注

（2）剖面详图标注：根据支吊架类型依次进行各个类型的剖面详图标注，如图 5-18 所示。切换至剖面视图，针对支吊架立面，将相关标注族载入模型文件中，设置适当的图纸比例，进行支吊架型材规格型号、长度、安装定位尺寸、管卡规格等信息标注。

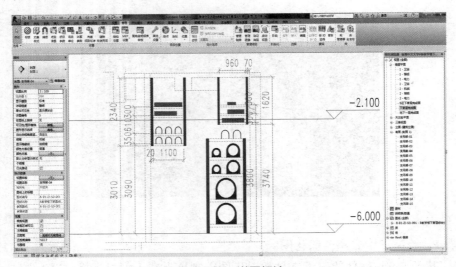

图 5-18　详图标注

（3）生成深化图：新建图纸，将平面视图和剖面视图拖拽至图纸中，进行基本的图面处理和图框信息添加，如图5-19所示。

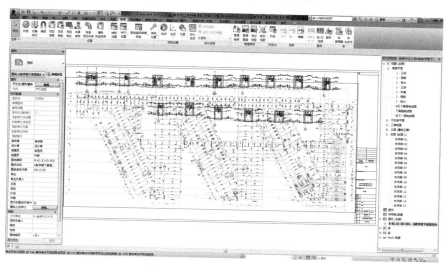

图5-19 生成图纸

（4）导出二维图纸：利用导出功能生成二维图纸，继续进行适当的图面处理（图5-20）及少量信息添加。

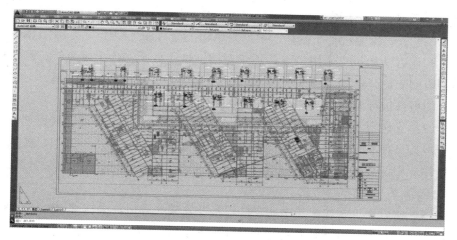

图5-20 处理二维图纸

3. 三维支吊架工程量统计

基于三维支吊架模型，利用Revit关联型材长度和质量信息，通过明细表统计功能统计出各区域、各类型支吊架的型材规格、长度及质量，如图5-21

所示，以达到支吊架材料采购精细化管理。

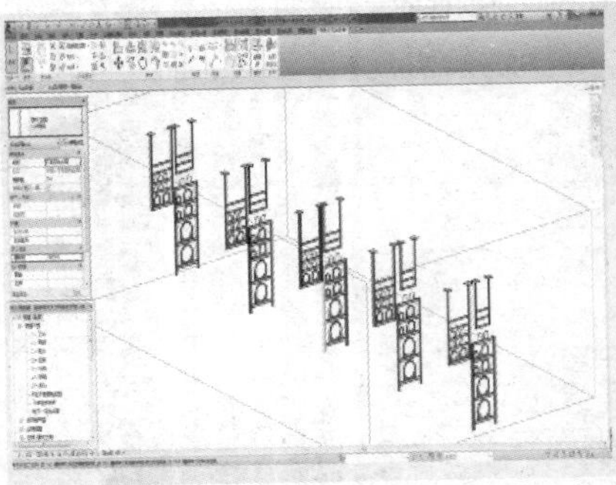

<型钢材料统计表>

A	B	C	D	E	F
族	类型	型钢长度(m)	合计	单位质量(kg/m)	型钢重量(kg)
槽钢 水平	6.5# 槽钢	489.38	377	6.709	3283.25
槽钢 水平	8# 槽钢	52.23	43	8.045	420.19
槽钢 水平	10# 槽钢	216.88	187	10.007	2170.32
槽钢 水平	12# 槽钢	64.84	31	12.059	781.91
槽钢 竖直	6.5#槽钢	21.90	22	6.709	146.93
槽钢 竖直	8#槽钢	49.73	28	8.045	400.08
槽钢 竖直	10#槽钢	261.49	109	10.007	2616.73
槽钢 竖直	12#槽钢	312.33	141	12.059	3766.39

图 5-21　支吊架工程量统计

5.1.4　支吊架施工控制

1. 施工工序

钢材除锈防腐→立柱制作→立柱根部焊接→横梁加工制作→横梁安装→支吊架校正→过载试验。

2. 施工工艺

（1）钢材除锈防腐：钢材进场经验收后，采用角向磨光机对钢材进行除锈，除锈完成后采用空压机对钢材喷漆，先一道防锈漆，后两道面漆。

（2）支吊架立柱加工制作：根部采用相关型材加工制作，以 10 号槽钢为例，制作方法如下：采用氧气、乙炔对槽钢进行截断，再采用氧气、乙炔在槽钢段的一侧开口，开口大小为 50mm × 13mm；后采用角向磨光机，对已加工好的根部进行抛光处理。

（3）立柱根部焊接及防腐：根部加工完毕后，将其与预埋件或钢连接板进行焊接，使它们连接牢固。支吊架顶端应与连接件平齐，不得超出或低于连接件。根部焊接完成后，将焊渣清理干净，采用红丹防锈漆对其进行防腐处理。

（4）横梁加工制作：支吊架立柱焊接及安装完成后，根据支吊架深化图，结合施工现场实际情况，进行横梁下料标记，采用切割工具进行切割。支吊架的管卡眼，一律采用机械钻孔，严格禁止电气焊打孔。

（5）横梁焊接安装及防腐：将各种不同规格的横梁按照支吊架深化图，焊接安装在不同的标高上。支吊架所用的型材开口朝向应一致。焊接完成后，将焊渣清理干净后，采用红丹防锈漆对其进行防腐处理。

（6）支吊架校正：每个区域的支吊架焊接安装时，采用水准仪及经纬仪等设备对支吊架立柱和横梁实时调正、调平。

（7）过载试验：使用承重物悬挂于支吊架上，荷载为设计荷载总量的两倍，悬挂时间为 12h。试验结果应以连接件牢固、立柱根部焊接严密、支吊架未变形为合格。

3. 质量控制

（1）材料质量。槽钢、角钢等型材的规格型号要满足现行相关规范《热轧型钢》（GB/T 706）、技术规程、施工图集的要求。吊丝、螺栓及垫片均要采用镀锌制品。

（2）施工质量。支吊架型材下料端部应圆滑，长度偏差不大于 5mm。

支吊架根部焊接，应四面满焊，焊缝高度不小于 3mm，焊缝不得有沙眼、夹渣、漏焊等焊接缺陷，焊缝与母体之间应平滑过渡。

支吊架安装各个节点应按照现行相关施工图集及支吊架深化图进行。

支吊架的防腐，刷漆应均匀，不得有气泡、漏刷等现象。

（3）成品保护。材料在运输和安装过程中，尽量不要出现抛、掷等现象，材料的堆放应分类整齐；为防止土建专业对墙面进行喷浆时污染支吊架，采用废报纸或塑料布将支吊架进行包裹保护。

5.2 设备机房深化专项案例

在工程项目建设过程中，设备机房种类繁多，设备质量大，管线排布错综复杂，机房施工工期短，对施工质量和安装后的现场视觉效果有极高的要求，所以在机电安装过程中，设备机房的安装施工常常是工程施工的重点难点之一。

同时，由于设计院出具的施工图纸对于管线的空间位置不够详细，现场的实际情况多变，二维平面图纸无法翔实地表述设计意图，不能满足实际施工的需求。该案例利用 BIM 技术实现各类机房管线设备排布方案的优化，并在此基础上将设计意图、施工方案意图传递给现场的施工人员，达到提升施工效率、减少返工、降低成本、提升工程质量的目的。

5.2.1 BIM 模型的创建

BIM 模型的创建是整个 BIM 应用过程的基础，所以模型创建开始前首先应编制设备机房 BIM 创建节点计划并收集创建模型使用的图纸，实际选用各设备和配件的品牌、型号、参数及尺寸。

　　根据收集到的信息创建各种设备、配件族，创建设备族重点考虑设备的尺寸及接管位置。创建配件族，则重点考虑其长度尺寸和高度尺寸，以确保创建的 BIM 模型对现场施工有足够的指导意义。

　　各专业 BIM 工程师依据设计院提供的图纸，先创建土建、管线、设备 BIM 模型，再完成各专业模型链接。模型应包含精确的土建结构模型，设备机房相关的设备、管线系统及附属阀门附件，所有穿过设备机房的机电管线系统。

5.2.2　方案优化

　　设备机房的施工方案要综合考虑管线排布对系统的影响、业主对观感的要求和施工过程中的可操作性，将设备机房中重点难点的施工区域用三维模型展现出来，这样便解决了施工难度大、施工工序复杂的问题，三维模型一目了然，便可很快地制定有效、快速安装的施工工序，解决返工问题。

　　对优化后的模型进行软碰撞检查，即根据规范要求设定的各机电系统管线间距，机电系统与土建结构的间距，考虑到支吊架是否能安装的问题，尽可能满足施工的可行性，解决施工难点问题。这便可以缩短施工时间，降低施工成本。

　　在项目中所做过的设备机房有制冷机房、空调机房、配电房、风冷热泵机房、报警阀间、发电机房、生活水泵房等。以下便对各机房进行详细阐述。

5.2.3　制冷机房

　　机房创建前，应向厂家明确机械设备和管配件的实际尺寸及参数，待设备族及配件族准备好后，进行模型的创建及模型深化。深化过程中应以保证设备操作、维修方便为原则，设备、管线排列整齐，阀门操作方便；管线要以最短的距离与设备连接，保证水流顺畅，以减小水泵出口水力损失。管线安装标高尽量提高，保证机房空间净高。

　　机械设备的定位。设备定好位后，便可设计出机房设备基础图，如图 5-22 所示。现场可根据设备所在位置浇筑混凝土基础，如图 5-23 所示。制冷机房中冷冻水泵及冷却水泵基础浇筑方法如下：

　　设备位置确定好后，可进行机电管线深化设计，由于机房内管线复杂，深化时需考虑的因素较多，需注意以下问题：

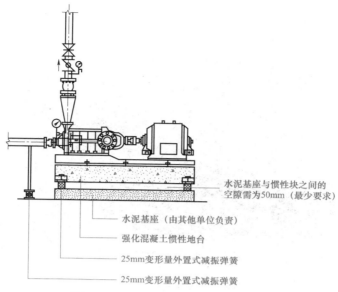

水泥基座与惯性块之间的
空隙需为50mm（最少要求）

水泥基座（由其他单位负责）

强化混凝土惯性地台

25mm变形量外置式减振弹簧

25mm变形量外置式减振弹簧

图 5-22　冷冻水泵及冷却水泵基础

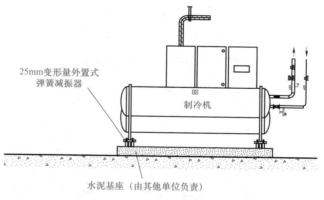

25mm变形量外置式
弹簧减振器

制冷机

水泥基座（由其他单位负责）

图 5-23　制冷机组基础

（1）为了保证机房的完整性及精度，机房内所有的喷淋支管及喷头都应创建，大于 1200mm 的风管下方需加下喷头，下喷头的喷头方向向上。

（2）需要加保温层的管道及风管都得添加上保温层。

（3）管道调整过程中，应尽量将同类型的管道排布在一起，这有利于支吊架的安装，支吊架安装模型如图 5-24 所示。

（4）进行管道排布时，管道与管道之间要留有足够的空间，确保支吊架安装及检修的空间。

（5）机房内的吊装风机时需要将支吊架加上（支吊架的型号尺寸可根

据经验适当估算，并且还要留有一定的空间，以避免支吊架的型号尺寸误差太大）。

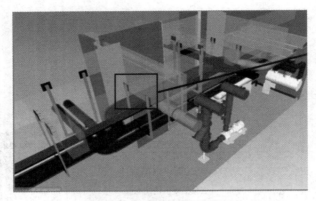

图 5-24　支吊架安装模型

（6）冷冻水供回水管及冷却水供回水管上的阀门安装应满足间距要求（具体间距要求可根据提供阀门的厂家进行确认）。

（7）需要做减振处理的机械设备都要添加减振器，如冷冻水泵、冷却水泵、制冷机组等设备都需添加，如图 5-25 所示水泵模型中的减振器。

图 5-25　水泵模型

（8）冷冻水管和冷却水管管线弯头的弯曲半径应不小于 1.5 倍的管道直径。

（9）风管防火阀距墙的距离不应大于 200mm。

深化完成及审核通过之后，便可出具机房深化施工图，现场以深化施工图为主、三维模型为辅进行施工。这样，现场工人根据施工顺序逐步施工，不仅提高了施工操作的效率，而且还不会出现返工现象。在大大缩短施工工期的同时，也降低了施工成本。

机房深化图应包含管综平面图、暖通平面图、给水排水平面图、喷淋平面图、电气平面图、设备基础平面图以及复杂区域的剖面图。在出图过程中，针对不同专业图纸需制作相应的视图样板，视图样板主要设置构件的可见性及表达效果。所出图纸内容应清晰、明确，各个管线系统及机械设备颜色分明。图面内容需注意以下问题：

（1）平面图底图若用原建筑平面图，在导入图纸前需将建筑平面图处理干净，全部图层颜色设置为 8 号色，以"仅当前视图"导入项目文件中，切勿勾选"半色调"；否则，当 Revit 导出图纸时，底图将不再以 8 号色显示。

（2）除基础平面图外，其他各平面图须将基础以 8 号色显示且用混凝土填充。管道保温须以虚线表示。

（3）机房面积一般较小且管线密集，宜采用 1:50 比例出图，出图比例越小，标注文字的大小越小。

（4）先标注管综平面图，通过"带细节复制"的方式创建单专业视图，减少某些构件在单专业图中的重复标注。管综图着重体现管线相互标高，精确定位可在单专业图中添加。

（5）电气平面图中，需将所有用电设备设置为暗显且标注出设备性能参数。电气设备及线缆可在 CAD 中叠加原设计图，配电箱（盘）需标注设备编号、回路编号、功率容量、上级配电箱编号，动力配线需标注线缆型号、敷设方式部位。

（6）剖面图中需将建筑结构模型暗显，墙体截面以斜线填充，结构柱及结构框架截面以混凝土填充，投影以实体填充。注意将连接模型的轴网及标高线设置为不可见，以保证图片干净、整洁。当需标注风管截面尺寸及定位时，要沿着风管轮廓绘制详图线，标注才能捕捉到风管边线。

（7）导出图纸时，不宜通过单专业视图导出 dwg 图纸，然后再在 CAD 中将各专业图纸合并，采用此方法会导致图层颜色错乱。宜通过新建图纸的方式，将各专业视图添加至图纸中，通过图纸导出所有单专业视图。采用第二种方法便于图纸管理，同时避免刷图层等不必要的工作。

5.2.4　高低压配电房

配电房模型根据设计院图纸创建，模型创建完成之后，首先布置好配电柜等设备的基础，出设备基础图交付给现场施工。

配电房深化要求比较高,可参考配电房设计规范要求进行深化。深化过程中需注意以下问题:

(1)通风空调风管的风口以下无任何安装遮挡物为设置原则,风管严禁设置在配电柜、变压器的上方,防止空气中的冷凝水。

(2)照明灯具应排列整齐,安装的位置需保证机房操作部位及仪表部位的照度。

(3)变压器、配电屏(图 5–26)应排列整齐,为后续检修操作方便。

图 5–26　配电屏模型

(4)桥架及母线槽的排列在方便电缆敷设和桥架安装的前提下,以最短的距离排列整齐,桥架避让母线槽,小桥架避让主桥架。考虑到美观性,小桥架尽量布置于大桥架上面。

(5)消防灭火气体管道在满足消防要求的情况下,避让桥架。

(6)配电房中所有的管件、支吊架、各类末端等都应体现在模型当中,以便核对是否能够安装。

(7)桥架之间的距离保持至少 300mm。

(8)进出机房风管上面应安装电动开关阀。

(9)其他功能区的管线不得穿越配电房。

(10)桥架最好布置在配电柜的正上方。为了方便电缆的放置,由配电柜引至主桥架的竖向桥架应放置在主桥架的正中间。

5.2.5　空调机房

空调机房深化前,需了解该空调机房中包含哪些设备及管道上需要的阀门,然后向厂家询问设备的型号、尺寸,阀门的型号及大小,待这些设备及阀门构件准备好后，就可进行空调机房模型的创建。

　　根据空调机房图纸创建模型，模型主要分三大系统：给水排水、暖通、电气。模型要根据平面图及系统图或剖面图对照进行创建。

　　首先空调机组位置的确定，机组位置确定之后，布置空调机组基础，如图 5-27 所示。基础的大小一般是比空调机组每边大 200mm，基础的高度一般大于等于 200mm，空调机组放置在基础上需要做减振处理，即基础上需加弹簧减振器。

图 5-27　空调机组基础

　　机组位置确定后再调整其他机电管线，调整时需注意以下问题：

　　（1）新风管、送风管等出机房的风管需加消声器。

　　（2）超过 1200mm 的风管下方需要加喷头，喷头在风管下方采取上喷安装。

　　（3）机房内的管线设备需要加支吊架（调整过程中需要考虑支吊架安装的空间），吊装风机支吊架采用减振支吊架，如图 5-28 所示。

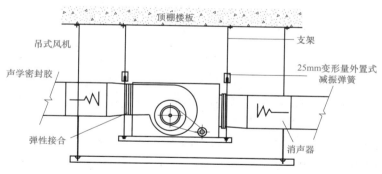

图 5-28　吊装风机支吊架

　　（4）机组新风管入口需要加电动开关调节阀。

　　（5）机房内的空调水管需加保温（在调整的过程中应将保温加上，避免在调整的时候忘记管道有保温，以至于没有给管道预留足够的空间）。DN 小于等于 50 时，保温厚度为 40mm；$DN50 \sim DN100$ 时，管道保温为 45mm；$DN100 \sim DN250$ 时，管道保温为 50mm。

（6）接在空调机组供水管、回水管上的阀门，需满足安装间距要求。

（7）出机房的风管需加防火阀，防火阀的安装距墙小于 200mm。

（8）穿越楼板的风管需在楼板下方 150mm 处添加防火阀。

（9）空调机组冷凝水管需加保温，而且需画出冷凝水管走向。冷凝水管存水弯（图 5-29）处的高度差需大于等于 100mm。

（10）接在空调机组供水管（图 5-30）上的阀门从上至下一般是蝶阀、Y 形过滤器、能量表、温度计、压力表。

（11）空调机组回水管（图 5-30）上的阀门从上至下一般是压差平衡阀、电动二通阀、静态平衡阀、蝶阀、温度计、压力表。

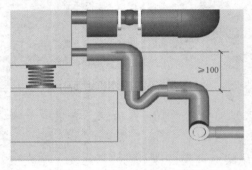
图 5-29 冷凝水管存水弯模型

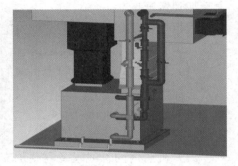
图 5-30 空调机组供水、回水管模型

5.2.6 风冷热泵机房

风冷热泵机组是由压缩机→换热器→节流器→吸热器→压缩机等装置构成的一个循环系统。冷媒在压缩机的作用下在系统内循环流动，即在压缩机内完成气态的升压升温过程，进入换热器后与风进行热量交换，被冷却并转化为流液态，当其运行到吸热器后，液态迅速吸热蒸发再次转化为气态，同时温度下降至 -20～-30℃，这时吸热器周边的空气就会源源不断地将低温热量转递给冷媒。冷媒不断地循环，就实现了空气中的低温热量转变为高温热量并加热冷水的过程。

风冷热泵机房应尽可能布置在室外，进风应通畅，排风不应受到阻挡，以避免造成气流短路。风冷热泵机组之间的距离应保持在 2m 以上，机组与主体建筑间的距离应保持在 3m 以上。为了避免排风短路，机组上部不应设置挡雨篷之类的遮挡物。如果机组布置在室内，应采取提高风机静压的办法，使风管将排风排至室外。

模型创建之前，应确定风冷热泵机组、水泵等机械设备的实际尺寸及型号，根据实际的机械设备尺寸参数创建设备族及管配件族。设备和管配件族完成之后就可进行其他管道系统的创建及深化。各管道系统应尽量集中排布，利于支吊架的安装及管道安装。

其他管道系统创建完成之后布置机械设备的位置，出设备基础图交付给现场浇筑混凝土基础，如图 5-31 所示。

机组的布置除了考虑排风通畅，避免排风回流外，在机组的底座及进出水管处必须安装减振装置，如图 5-32 所示，隔振效率要满足设备运行的要求。在供冷、供热站内的空调水主干管道，要安装有减振的吊架或支架，防止机组和水泵的振动通过管道传达到其他地方。

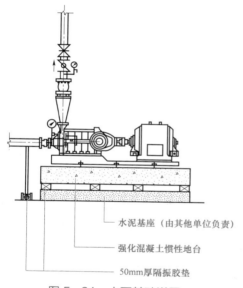

图 5-31　水泵基础详图

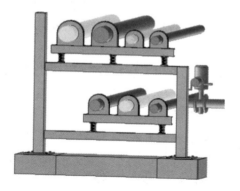

图 5-32　防振支吊架模型

5.2.7　湿式报警阀间

湿式报警阀装置长期处于伺应状态，系统侧充满工作压力的水，自动喷水灭火系统控制区内发生火警时，系统管网上闭式洒水喷头中的热敏感元件受热爆破，自动喷水，湿式报警阀系统侧压力下降。在压差的作用下，阀瓣自动开启，供水侧的水流入系统侧对管网进补水，整个管网处于自动喷水灭火状态。同时，少部分水通过座圈上的小孔流向延迟器和水力警铃，在一定的压力和流量的情况下，水力警铃发出报警声响，压力开关将压力信号转换成电信号，启动消防水泵和辅助灭火设备进行补水灭火，装有水流指示器的管网也随之动作，输出电信号，使系统控制端及时发现火灾发生的区域，达到自动喷水灭火和报警的目的。

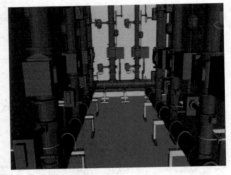

图 5-33　湿式报警阀间模型

湿式报警阀间（图 5-33）中设备数量不多，主要是系统管网上管配件较多，由于湿式报警阀间管线不复杂，可根据图纸直接创建管道系统，模型创建完成后进行管道综合深化，深化时需注意以下问题：

（1）安装在竖直管道上的湿式报警阀，应注意水流方向，安装的位置应考虑维修、保养时有足够的操作空间。

（2）应同厂家确定湿式报警阀排水是单排还是统一排水。

（3）压力表安装的位置应转向看清读数的位置。

（4）湿式报警阀的安装高度应在 1.2m 左右。

（5）管道排布时应考虑支吊架有足够的空间安装。

5.3　土石方测量及地形绘制专项案例

该案例以厦门大学演武运动场及访客中心项目为例，主要讲解了基于 BIM 技术的 Revit 软件在土石方测量方面的应用。该应用结合 BIM 技术，依据勘测点岩层图纸的花岗岩数据，导入 Revit 软件自动生成地形图，模拟花岗岩的真实地形，再通过软件的场地平整功能，经过软件的图形计算，得出基坑需开挖花岗岩的体积量。

与传统网格划分估量法比较，BIM 模型较传统二维图纸在土石方开挖及地形绘制方面的主要优点有：

（1）具有强大的三维设计功能，地形可视化，表达直接，让项目参与单位及人员很快掌握地质情况。

（2）提供一个良好的平台，使参与人员协同工作，施工过程信息有效传递。

（3）施工前绘制地形及抗浮锚杆，利于合理组织施工，解决问题，避免工期延误等问题。

（4）抗浮锚杆有效长度准确，可以指导钢筋加工。

就目前国内建筑现状而言，对于复杂的地形，BIM 技术能够模拟地形、提前解决施工问题，从而在工期缩短和成本节约方面效果明显，对工程质量安全有更好的保障。对深基坑、地质环境复杂的工程而言，选择 BIM 技术生成地形是一种切实可行、效果良好、具有一定回报的选择。

5.3.1　工程概况

本工程位于厦门市思明区，项目用地面积约 91 224.955m²，总建筑面积为 108 060m²，主要由地下室、人行通道和车行通道组成，基坑开挖深度为 5.25～17.50m，土石方开挖量约为 70 万 m³。根据勘测资料，拟建场地地基土主由杂填土、填沙、填石、淤泥、粉质黏土、残积砂质黏性土、全风化花岗岩、散体状强分化花岗岩、碎裂状强风化花岗岩、中风化花岗岩等组成。厦门大学演武运动场及访客中心项目积极应用 BIM 技术对项目进行管理，在土方开挖前，建立精确的地形三维模型，如图 5 - 34 所示。在施工组织计划、工期安排、机械安排和业主谈判各层土方开挖量时，有据可依。

图 5 - 34　使用 Revit 建立的花岗岩地形图

5.3.2　传统基坑开挖量预估及抗浮锚杆长度确定问题

1. 一般网格法估算开挖量

基坑各岩层开挖量一般需要预算部根据勘探点的柱状图，采用网格划分法来估算岩层开挖量。受地形起伏不均影响，得出的量与实际开挖的量往往不一致。施工时岩层多的位置安排施工的时间短，影响施工进度。实际多开挖的量也只能是乙方承担。

2. 抗浮锚杆有效长度的确定

该基坑临近海边，工程局部采用筏形基础加土层锚杆或岩层锚杆抗浮，锚杆约为 18 252 根。为了降低造价，设计根据不同地质规定了不同的锚杆锚固段有效长度。施工时，为了满足设计要求，只能等锚杆成孔后，再给钢筋笼下料，造成工作量集中，工作面不易开展，施工进度缓慢。

5.3.3 BIM 技术在厦门大学基坑土石方测量中的应用

1. 花岗岩地形准确模拟

图 5-35 所示勘探点岩层柱状图，提取勘探点的 X、Y 坐标及各岩层顶标高，汇总到 txt 文件中。使用 Revit 地形表面功能，通过指定文件导入创建，生成地形图。依次创建全风化花岗岩、散体状花岗岩、碎裂状花岗岩地形模型。

厦门大学访客中心
ZK2工程地质柱状图

勘察阶段：详细勘察							X: 2 704 036.32 Y: 458 305.77	初见水位 (m)：	1.70
外业日期：2015.7.27							孔口标高 (m)：4.13	稳定水位 (m)：	1.50

时代成因	地层代号	深度(m)	层厚度(m)	层底标高(m)	岩花性纹 1:200	取样位置	初见水位	稳定水位	岩性描述	密度状态	标准贯入实测击数修正击数
Q₄ᵐˡ	1	1.80	1.80	2.33			▽	▽	杂填土：杂色，稍湿，松散，主要由粘性土、建筑垃圾等回填而成，含少量植物根屑，回填时间大于5年，场平时间回填而成，未经专门分层压实，土质疏密不均，工程地质性能差。	松散	6 / 5.9
Q₄ᵐˡ	1a	4.10	2.30	0.03						松散~稍密	
Q₄ᵐ	2	9.70	5.60	−5.57					填砂：灰白、灰黄、灰黑等色，湿，松散~稍密状，回填砂以中粗砂为主，局部含约5%~15%粘性土，颗粒级配不良，分选性一般。	软塑	14 / 11.5
									淤泥：灰、灰黑等色，软塑，饱和，海积成因，主要由粉粘粒及砂粒组成，砂含量一般5%~20%不等，局部含量较高，含少量有机质成分，手捻污手，有异味，干强度高，韧性中等，无摇振反应，属高压缩性土。		18 / 14.2
Q₄ᵃˡ⁺ᵖˡ	3a	18.90	9.20	−14.77					中粗砂：灰黄、灰白、灰黑等色，饱和，稍密~中密状，冲洪积成因，主要由细砾、砂粒、粉粘粒组成，砂质不纯，局部含5%~15%粘性土，级配良好，分选性差。	稍密~中密	15 / 11.3
											19 / 13.8
											60 / 42.4
γ₅²	6	24.80	5.90	−20.67					散体状强风化花岗岩：灰黄色，岩石风化剧烈，散体结构，岩芯呈砂砾状，手捏即碎状，矿物成分由长石、石英、云母组成，部分长石已风化成粘土矿物。	散体状	71 / 49.7
											97 / 67.9
γ₅²	7	29.00	4.20	−24.87					碎裂状强风化花岗岩：褐黄、灰白色，碎裂状，中粗粒花岗岩结构，由长石、石英、少量黑色矿物、云母片组成，岩石风化强烈，岩体完整性差，完整程度为较破碎~破碎，岩芯呈碎块状，锤击易碎，RQD=0。	碎块状	
γ₅²	8	34.00	5.00	−29.87					中风化花岗岩：灰白、浅肉红色，岩心呈短柱、柱状，由长石、石英、云母、角闪石组成，中粗粒花岗岩结构，块状构造，节理、裂隙较发育，RQD=50~75。	块状	

图 5-35 岩层柱状图

2. 基坑开挖各岩层量

本项目基坑开挖岩层多，不同岩层的开挖价格不同，特别是中风化花岗岩，破除要用镐头机器，也是影响进度的主要因素。在 Revit 软件中使用平整区域命令，输入基坑开挖底标高（一般是垫层底标高），如图 5-36 所示。完成之后，导出开挖工程量清单，如图 5-37 所示。另有集水坑需单独计算。

图 5-36　基坑平整

A	B	C	D	E	F
名称	投影面积	表面积	填充	挖方	净填方
基坑开挖底标高面	76 387m²	79 221m²	0.00m³	0.00m³	0.00m³
花岗岩地形	47 496m²	47 496m²	62 913.68m³	132 470.97m³	-69 557.28m³
总计：2					-69 557.28m³

图 5-37　开挖花岗岩明细表

3. 抗浮锚杆有效长度计算

图 5-38 为基坑底板一部分，依据锚杆平面图纸建立 BIM 模型，如图 5-39 所示。由 BIM 模型可以看出抗浮锚杆在各岩层的深度，可以快速确定锚杆的有效长度，为钢筋下料提前做好准备，合理安排钻孔机施工，缩短施工周期。

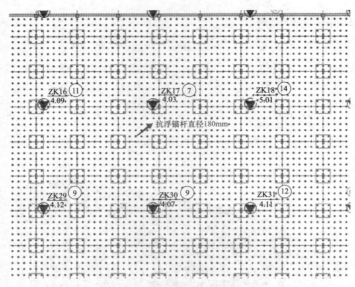

图 5-38　锚杆布置图

图 5-39　抗浮锚杆与各岩层 BIM 模型

5.4　装饰装修专项案例

　　目前，国内大多重点工程项目都已采用 BIM 技术辅助施工，BIM 在主体工程施工、机电安装工程施工等方面取得了较好的效果，但鲜有将装修工程与 BIM 技术结合的成功案例。该案例基于目前装修阶段 BIM 应用现状，借助 Revit 软件，以地面瓷砖、顶棚排布以及吊顶为例，找出装修 BIM 应用过程中存在的问题，分析并探索 BIM 在装修上应用的方向。

5.4.1　前期准备

（1）完成结构模型、建筑模型、机电模型的变更更新，并与现场校核一致性。

（2）与项目技术部确认装修图纸版本，提供变更或工程联系单，确认深化设计相关信息及需求。

（3）与项目技术部和业主进行沟通，收集项目装修瓷砖、吊顶样品的尺寸、颜色等信息。

（4）在 Revit 材质管理器中创建新库，命名为"××项目装修材质库"并依据收集到的样品建立材质，保证多人协同工作时，各单体使用材质的统一。

5.4.2　创建流程

1. 创建地面瓷砖排砖模型

（1）选择"建筑—屋顶—迹线屋顶"拾取轮廓，更改类型为"玻璃斜窗"，并且调整标高至建筑完成面。

（2）使用系统嵌板创建地砖。选择单个玻璃嵌板，并编辑类型。复制一个新系统嵌板类型并命名，属性幕墙嵌板由无改为新建的嵌板。

（3）使用竖梃创建灰缝。新建矩形竖梃并命名为灰缝。调整参数并修改属性"网格 1 竖梃""网格 2 竖梃"为"灰缝"。

（4）调整砖铺贴方向、铺贴点，调整铺贴前后对比如图 5-40 所示。

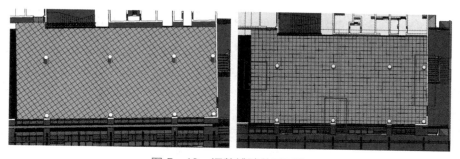

图 5-40　调整铺贴前后对比

2. 创建墙面瓷砖排砖模型

使用幕墙创建墙面瓷砖模型，遇门窗洞口处使用"编辑轮廓"将门窗洞口露出。创建系统嵌板绘制单个瓷砖，创建竖梃绘制灰缝同地面瓷砖排砖。

3. 创建顶棚吊顶排布模型

使用玻璃斜窗创建顶棚吊顶模型。绘制铝扣板吊顶、微孔铝板吊顶、埃特板吊顶，方法与地面瓷砖排砖相同。创建铝合金方格网吊顶、金属格栅吊顶时，将"系统族：玻璃斜窗"类型属性中幕墙嵌板设为"空系统嵌板：空"。

5.4.3 工程量统计

添加明细表，设置类别为幕墙嵌板。字段中添加"族与类型"，排序中选择"页脚"进行统计。可以统计出不同种类的地砖数量，如图 5-41 所示。将统计的工程量提供给预算部门进行提量，以供工程部门提资使用。这个量只是施工阶段的过程量，在项目实施阶段不断地对模型进行修改和完善，最终竣工验收时即为竣工交付模型，此模型与施工图模型进行对比，可以得出量差作为结算依据。

〈地面排砖〉

A	B	C	D
名称	尺寸	所属楼层	合计
系统嵌板：厨房专用防滑地	300×300	1F	5526
系统嵌板：地砖	1000×1000	1F	1070
系统嵌板：福建灰麻石	600×600	1F	644
系统嵌板：高标号混凝土块	500×500	1F	1075
系统嵌板：厨房专用防滑地	300×300	2F	2252
系统嵌板：地砖	1000×1000	2F	1068
系统嵌板：福建灰麻石	600×600	2F	933

图 5-41 地砖工程量统计

5.4.4 方案对比

由于项目施工各阶段的施工状态不一致，装修阶段方案的选取非常重要，例如地砖排布是装修工程最常见的一个问题，其布置的好坏直接影响了外观体现，图 5-42 是两种不同的地砖排布方案。BIM 团队如何为业主提供优质的产品和服务取决于方案的精细化程度。

图 5-42　两种排砖方式的对比

5.4.5　深化出图

　　BIM 优化工作的意义在于指导现场施工，那么三维方案确定后，要经过处理生成二维的平面图、平面尺寸和定位，这也是 BIM 落地应用最关键的一步。如果说 BIM 是从二维到三维的转变，那么深化设计则是从三维到二维的转变，如图 5-43 所示。作为中间介质 BIM 技术将全专业进行融合，形成了切实可行的二维深化图纸。

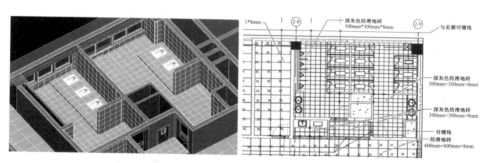

图 5-43　某建筑卫生间深化图

5.4.6　末端布置

　　末端的布置主要体现两个字，即美观。为装修工程能够顺利进行，BIM 团队在机电管线综合阶段应考虑预留装修吊顶的高度、灯具的尺寸、风口的尺寸等因素，因此要根据项目各单体各层各区域的吊顶形式及厚度来确定机电管线最低点的标高。一般情况下需要给装修预留的空间在 150mm 以上。另外，室内的净空高度要高于走廊位置的净空高度，在前期做管线综合时要特别注意这点。吊顶的形式主要分为三类：

　　1. 以石膏板吊顶为主的整体板式吊顶

　　首先，在机电末端布置时应考虑各专业末端点位横成行、竖成线；再次，将其他专业图纸叠加，调整各专业的碰撞，使各专业的末端尽可能地在一条直线上，且灯具与喷淋头之间的净距不能小于 0.5m。

2. 以铝合金金属板吊顶为主的块状吊顶

需要根据现场金属板吊顶安装的实际位置，确定机电末端的排布。一般规则是将灯、喷头、风口等末端设备均设置在某块吊顶的中间位置。末端设备居中后，整个空间考虑成线布置，且保证喷头与灯具有足够的安全距离。

3. 以格栅吊顶为首的网状式吊顶

格栅吊顶与其他吊顶最大的区别是喷头的布置形式有所不同，普通板式吊顶是下喷，格栅吊顶要根据孔隙率来决定是上喷、下喷或者是上下喷（此部分设计院会在蓝图中表示出，未表示的要让项目部同设计院来沟通，确认无误后方可实施）。

一般情况下，机电的末端都是布置在格栅的中间位置；若喷淋头为上喷，可不考虑喷头与格栅的相对位置，按照专业图施工即可。

5.4.7 渲染

装修阶段的 BIM 应用对显示效果要求很高，所以渲染出图非常关键，它能直观地表达出设计师简单、质朴的设计风格。图 5-44 为某学生食堂渲染效果图。

图 5-44 学生食堂渲染效果图

5.4.8 现存问题

（1）软件精度要求高。由于装修工程的模型精度较高，且装修属于施工的后期，所以对软件的精度要求非常高，然而，Revit 达到毫米级别后，模型会出现少许的变形，深化出图精度不能完全达到施工要求。

（2）处理数据多。装修模型必须依附于建筑结构机电模型，由于其他三个专业的模型包含了大量的数据信息，再加上装修的模型，数据处理量非常大，对电脑的要求很高。

（3）族库不完整。装修的构件很多，不同的建筑类型、装修的构造不一致，导致了装修构件的多样化。在族库整理的过程中，很难满足要求。

（4）材质多样。装修效果渲染时，材质是关键。现实中的很多材质，在 Revit 里不够完善，这样的渲染效果和实际会产生误差，渲染效果不尽如人意。

5.5　本章小结

BIM 专项应用是针对工程项目实施过程中某一项重点难点或比较特殊的应用点的具体、深入的说明。本章对三维支吊架、设备机房、土石方测量及地形测绘、装饰装修四个 BIM 专项应用方向进行详细介绍，也是对第 4 章中案例未详尽 BIM 应用的补充说明。该章节的编制旨在为 BIM 技术更广阔、更深入地应用提供参考方向。

参 考 文 献

[1] 住房城乡建设部关于推进建筑业发展和改革的若干意见，2015.

[2] 住房城乡建设部关于进一步推进工程总承包发展的若干意见，2016.

[3] 何关培. BIM 总论. 北京：中国建筑工业出版社，2011.

[4] 林鸣，徐伟. 深基坑工程信息化施工技术. 北京：中国建筑工业出版社，2006：2-3.

[5] 欧阳东. BIM 技术：第二次建筑设计革命. 北京：中国建筑工业出版社，2013.

[6] 葛清. BIM 第一维度——项目不同阶段的 BIM 应用. 北京：中国建筑工业出版社，
2013.

[7] 《钢结构设计规范》（GB 50017—2014）. 北京：中国计划出版社，2002.

[8] 室内管道支架及吊架图集（GJBT—630）. 北京：中国建筑标准设计研究院，2003.

[9] 《通风与空调工程施工规范》（GB 50738—2011）. 北京：中国建筑工业出版社，2011.

[10]《焊接钢管尺寸及单位长度重量》（GB/T 21835—2008）. 北京：中国标准出版社，2008.

[11]《无缝钢管尺寸、外形、重量及允许偏差》（GB/T 17395—2008）. 北京：中国标准出
版社，2008.

[12]《给水用硬聚氯乙烯管材》（GB/T 10002.1—2006）. 北京：中国标准出版社，2006.

[13]《管道支架的设计及计算》（TC 42B2—1994）. 北京：化工部工程建设标准编辑中心
站，1994.

[14]《建筑信息模型应用统一标准》（GB/T 51212—2016）. 北京：中国建筑工业出版社，
2016.

[15]《建筑信息模型分类和编码标准》（GB/T 51269—2017）. 北京：中国建筑工业出版社，
2017.